数学故事专辑

中国科普名家名作·典藏版

爱克斯探长

李毓佩 ◎ 著

李毓佩教授献给少儿的礼物

数学侦探故事

中国少年儿童新闻出版总社
中国少年儿童出版社
北京

图书在版编目（ＣＩＰ）数据

爱克斯探长（典藏版）/李毓佩著.—北京：中国少年儿童出版社，2011.6(2011.11重印)

（中国科普名家名作·数学故事专辑）

ISBN 978-7-5148-0192-7

Ⅰ.①爱… Ⅱ.①李… Ⅲ.①数学-少儿读物 Ⅳ.①O1-49

中国版本图书馆CIP数据核字（2011）第062317号

AIKESE TANZHANG(DIANCANGBAN)
（中国科普名家名作·数学故事专辑）

出版发行：中国少年儿童新闻出版总社
中国火年兄童出版社

出 版 人：李学谦
执行出版人：赵恒峰

策 划：薛晓哲	著 者：李毓佩
责任编辑：许碧娟 常 乐	责任校对：杨 宏
装帧设计：缪 惟	责任印务：杨顺利

社 址：北京市朝阳区建国门外大街丙12号楼	邮政编码：100022
总 编 室：010-57526071	传 真：010-57526075
发 行 部：010-57526568	

ｈｔｔｐ：//www.ccppg.com.cn
E-mail：zbs@ccppg.com.cn

印刷：北京缤索印刷有限公司

开本：880mm×1230mm 1/32	印张：8
2011年6月第1版	2011年11月北京第2次印刷
字数：100千字	印数：10001-18000册

ISBN 978-7-5148-0192-7	定价：18.00元

图书若有印装问题，请随时向印务部退换。（010-57526539）

爱克斯探长

目录

爱克斯探长出山

偷霹雳火箭炮的人在哪里

天刚蒙蒙亮，和平城警车的尖叫声，把居民们从梦中惊醒了。

"出什么事啦？"人们惊讶地互相打听着。

警车上的高音喇叭响了："全体居民注意，现在播送驻军司令小胡子将军的通令：昨夜有人将新研制的霹雳火箭炮偷走了，请大家帮助缉拿盗窃犯，隐匿不报者，以间谍论处……"

"啊！把最先进的霹雳火箭炮丢了！""霹雳火箭炮是小胡子将军最心爱的武器，被人偷走了，小胡子将军还不急死！"大家议论纷纷。

在驻军司令部里，小胡子将军正在召开紧急会议，商讨如何捉拿盗窃犯。出席会议的有大头参谋长、公安局的眼镜局长、炮

1

兵团长和财政局长等。大家表情严肃，会议气氛紧张。

大头参谋长首先建议："封锁和平城周围的各条道路，不让偷武器的人把武器运出城去。"

"对！"小胡子将军立即下达戒严令，封锁道路，加强巡逻，又对眼镜局长说，"你把侦察情况向大家介绍一下。"

眼镜局长用手扶了一下眼镜，含含糊糊地说："我去军火库看了一下，什么可疑的线索也没发现。"

大嗓门炮兵团长放大了嗓门嚷道："和平城发生什么案子他都破不了，眼镜局长是不称职的，我建议撤掉他公安局长的职务。"

大头参谋长不同意，他说："也不能都怪眼镜局长，我看是缺少一位有能力的大侦探。"

炮兵团长说："你是说要有一位像福尔摩斯那样的大侦探？上哪儿去找呀？"

"我倒认识一位。"眼镜局长说，"此人是当今最有能力的侦探，他的破案率几乎达到百分之百。"

"嘿！真了不起。"在座的人都十分惊奇。

小胡子将军问道："他破案率怎么这么高？"

"因为他采用了一种特殊的破案方法。"

"什么方法？"大家异口同声地问。

"计算。"

"计算？他叫什么名字？"

"叫什么名字，我不清楚，人们都称他是爱克斯探长。他的职业是侦探，爱好是数学。"

小胡子将军感到此人十分理想，立刻派眼镜局长乘专机去请爱克斯探长来帮助破案。

小胡子将军得知爱克斯探长愿意到和平城来帮助破案，非常高兴。他亲自带着大头参谋长和炮兵团长去机场迎接。

专机平稳着陆，打开舱门，从里面走出一个身穿人字呢短外衣，戴着一副茶色眼镜，头戴法国软帽，嘴里叼着一个大烟斗，左手夹着一个黑皮包的人，看上去年纪有五十多岁。不用问，他就是爱克斯探长。

小胡子将军迎上去和爱克斯探长握手，表示欢迎，并请爱克斯探长去驻军司令部休息。爱克斯探长要求立即赶到军火库失事地点，进行现场侦察。

到了军火库，爱克斯探长先找到当晚看守军火库的值勤士兵，问他们可曾发现什么异常情况。

两个士兵回答："昨天午夜我们听到军火库后面有响动，问口令没有回答。端起枪正想转到后面去看看，只觉得脑袋上重重地挨了一下，后来就什么也不知道了。"

　　爱克斯探长忙问："在什么时间?"

　　一个士兵回答："那时我刚好上厕所回来，看了看表是 1 点 40 分。"

　　爱克斯探长在现场仔细搜索，突然大声嚷道："脚印!"大家跑过去一看，有一行脚印一直往北。爱克斯探长掏出本子写下一点什么，眼镜局长紧紧地跟在爱克斯探长身后，追着脚印前进，一直走到城墙的北城门口。

　　眼镜局长高兴地说："有线索了。现在可以肯定，盗窃犯是从北城门这儿跑出去的。快把昨晚在这儿值班的两个警卫给我叫来。"

　　爱克斯探长问这两个警卫昨晚可曾发现异常情况。他俩低下头说："我俩都打盹儿睡着了。"

　　眼镜局长一听，气得一挥手说："把这两个家伙给我抓起来，他们也太麻痹大意了!"

　　爱克斯探长伸手拦住，又对这两个值勤的警卫说："你们一点情况也回忆不起来吗?"

　　其中一个警卫想了一会儿，说："我在蒙眬中，忽然听到'当，当!'两声钟响，就惊醒了，睁开眼睛，看见一条黑影一闪而过。"

　　爱克斯探长若有所思地说："这么说，你在晚上 2 点整，看见有人出城啦。"说完又在本上记下一点什么。这时一名士兵牵来一条警犬。

爱克斯探长手往外一指说："继续追踪脚印。"出了城顺着脚印一直追到一条小河边，警犬再也嗅不出逃跑人的足迹了。

线索到此中断了，大家都很失望，眼镜局长更是一筹莫展，爱克斯探长却胸有成竹。他要来一张和平城的地图，仔细看了一遍，然后在笔记本上开始计算。

突然，爱克斯探长用手往北一指说："快去逮捕偷盗霹雳火箭炮的人！他现在正在城北 32 公里处的快乐旅店里。他的特征是：身高一米八左右，体重约八十公斤，右脚有点跛。"

在场的人全都瞪大了眼睛，瞧着这位爱克斯探长，简直无法相信他说的是真话。

刚刚赶到的小胡子将军看大家都不动，下令道："发什么愣，赶紧去抓！"眼镜局长答应一声，亲自领着三辆挎斗摩托车，飞一样地向北开去。其他人赶回了驻军司令部。

大家围着爱克斯探长问他是怎么算的。爱克斯探长淡淡一笑，说："身高是根据脚印的大小及步子的长短推算的，体重是根据脚印的深浅程度决定的，跛足是根据脚印的形状知道的，这都是一般侦探的常识。"

炮兵团长问："你怎么知道偷武器的人就在城北 32 公里的快乐旅店里呢？"

"我首先计算了偷武器的人逃走的速度。他打昏看守军火库的士兵是在 1 点 40 分，守北城门的警卫 2 点钟醒来刚好看见他，说明他从军火库走到北城门用了 20 分钟。从军火库到北城门的距离，从地图上看，是 3.6 公里。"

大头参谋长连连点头说："分析得有道理。"

爱克斯探长说："于是，我设偷霹雳火箭炮的人逃走速度为每小时爱克斯公里。""爱克斯？爱克斯是什么？"这个"爱克斯"把在场的人都搞糊涂了。

爱克斯探长在地上写了一个大大的 x 说："这就是爱克斯，在数学上用它表示未知数。"

小胡子将军仍旧不明白，他问："你不是要算速度吗？设爱克斯干什么？"

"爱克斯是多少现在还不知道，是需要求的那个数。只要是有待解决的问题，就总离不开这个爱克斯。"爱克斯探长双肩一耸说，"我是搞侦破工作的，我遇到的都是有待解决的问题，所以我一刻也不能离开爱克斯。"

"噢，怪不得你叫爱克斯探长呢！"

爱克斯探长有点自豪，他说："现在我们继续来算偷霹雳火箭炮的人的速度。设他每小时走 x 公里，已知 20 分钟走了 3.6 公里。20 分钟等于 $\frac{1}{3}$ 小时，这样就可以知道，他走了 $\frac{1}{3}$ 个 x 公里的距离，恰好等于 3.6 公里，列出方程式就是：

$$\frac{1}{3}x = 3.6,$$

$$x = 3.6 \times 3 = 10.8 \text{（公里）}。$$

也就是他的速度是每小时 10.8 公里，跑得可真够快的。"

大头参谋长对数学特别感兴趣，他问："在你列的方程式中，有已知数 $\frac{1}{3}$ 和 3.6，还有未知数 x，它们在方程式中的地位一样吗？"

爱克斯探长用赞赏的眼光看了大头参谋长一眼，说："你很会动脑筋，问题提得好。x 虽说是未知数，但是在方程式中，它和已知数有同样的地位，对它可以进行加减运算，也可以进行乘除运算。"

"这就是说 x 和已知数完全一样啦！"

"也不是。用含有 x 的式子去乘或除方程式的两端，有时会出问题。"

"出什么问题？"

炮兵团长看大头参谋长没完没了地刨根问底，就说："等有时间了，再叫爱克斯探长慢慢给你讲。快让爱克斯探长讲讲，怎么知道偷霹雳火箭炮的人在城北 32 公里处的快乐旅店里吧！"

爱克斯探长说："他偷盗火箭炮的时间是晚上 1 点 40 分，小胡子将军下戒严令是清晨 5 点。北面只有一条大路可走，他从 1 点 40 分走到清晨 5 点，共走了 3 小时 20 分钟，即 $3\frac{1}{3}$ 小时。在这段时间里他所走过的距离，等于从军火库到北城门，又从北城门继续往北走的距离。这是另一个未知数，也用爱克斯来表示。"

"这么说，凡是未知数都一律用 x 表示啦？"大头参谋长又要刨根问底。

爱克斯探长好像特别喜欢别人刨根问底，他笑着说："如果在同一个问题中出现了两个未知数，就不能同用 x 来表示了，不然的话，x 究竟表示哪个未知数呀？这时可以再引入 y 和 z 来表示未知数。如果在两个问题中各出现了一个未知数，它们可以分别用 x 表示，不会混淆。"

大头参谋长点点头说："速度和距离是两个问题中出现的未知数，它们都可以用 x 来表示。"

炮兵团长很不高兴地说："我说参谋长，你别总打岔嘛！"

爱克斯探长继续解释说："我们设从北城门继续往北走的距离为 x，列出方程式：

$$3\frac{1}{3} \times 10.8 = x + 3.6,$$

$$x = 36 - 3.6 = 32.4(公里)。"$$

炮兵团长一看答案，忙说："哎——这就不对了。那个快乐旅店，它距离北城门不是 32.4 公里，而是 32 公里呀！"

爱克斯探长打开地图不慌不忙地解释说："北边大路上，从 20公里到 40 公里的距离里，只有 32 公里的地方有个小旅店。5 点钟天

8

已经亮了，他不敢扛着霹雳火箭炮再走，必定在那儿藏身。"

正说着，只听外面"突，突，突……"一阵急促的马达声响过，眼镜局长领着几名警察，扛着霹雳火箭炮，押着一个高个子右脚跛的中年人走了进来，他眉飞色舞地大声报告说："报告小胡子将军，在快乐旅店内，抓住了这个偷霹雳火箭炮的家伙。"

大家竖起大拇指，称赞爱克斯探长果然有办法。突然，外面响起消防车刺耳的叫声，电话铃响了。小胡子将军抓起电话一听，大惊失色，小胡子颤动起来，又出事啦！

查找纵火犯

一波未平，一波又起，城南巡逻队长通过电话向小胡子将军报告说："汽油库被人放火烧了，损失惨重。"

小胡子将军问："抓到纵火犯了吗?"

巡逻队长回答："抓到四名嫌疑分子。"

"马上给我查出犯罪分子!"小胡子将军说完，气呼呼地放下电话。

炮兵团长在一旁说："和平城一向是和和平平的，最近这是怎么啦?"

大头参谋长建议说："我看此事还得请爱克斯探长出马才行。"

小胡子将军摇摇头说："爱克斯探长是请来的，人家早晚要走，咱们不能总是请他来办案。"

公安局眼镜局长扶了一下眼镜说："咱们何不派一个聪明人，跟着爱克斯探长学一手侦破的本领呢?"

小胡子将军点点头说："嗯，是个好主意。你看派谁去学呢?"

"大头参谋长和炮兵团长都行。"

小胡子将军捋着胡子想了一下说："派大头参谋长去吧，作为参谋长要学会用脑子去分析问题。"大头参谋长听说派自己跟爱克斯探长学习侦破本领，乐得嘴都闭不上了。炮兵团长虽然一言未发，但是从他的脸色，可以看出他很不高兴。

小胡子将军命令说："大头参谋长，派你跟随爱克斯探长，火速赶到汽油库，侦破这桩纵火案。"

大头参谋长举手敬了个礼说："是!"

爱克斯探长带着大头参谋长乘车来到汽油库。汽油库四周环水，只有一条通道和外界相通。路口有士兵把守，还竖着一块木牌，上面用红笔写着几个醒目的大字：

　　"严禁烟火！未经允许严禁车辆入内！"

　　四个嫌疑分子在一旁，由士兵看押着。

　　巡逻队长介绍说："这里日夜有人守卫，水里装着铁丝网，从水路无法进出。"

　　爱克斯探长指着嫌疑分子问："你们是怎么被拘留的?"

　　巡逻队长指着其中一个胖子说："他是在起火以后半分钟，在这个路口被抓到的。"

　　胖子哀求说："长官，我没放火，没我的事，放我走吧！"

　　爱克斯探长对大头参谋长说："先鉴别他作案的可能性。"

　　大头参谋长搔着大脑袋，为难地说："爱克斯探长，你得教我怎么鉴别呀！"

　　爱克斯探长说："可以求一求他跑的速度。从汽油库到路口的距离是 600 米，因为从汽油库到路口不许车辆通行，他只能步行。起火以后只用了半分钟的时间他就出现在路口，先算算看他是否能赶到，应该求速度。设速度为每秒 x 米。"

　　大头参谋长问："怎么求啊?"

　　爱克斯探长说："这还不简单吗? 他在半分钟，也就是 30 秒的时间里以每秒 x 米的速度跑完 600 米，列出方程是：$30x = 600$（米），

解得 $x = 20$（米／秒）。"

大头参谋长惊讶地说："速度是每秒 20 米，这个大胖子跑得可真快！"

爱克斯探长扑哧一笑说："当前百米世界纪录才 9 秒多，也就是说世界冠军的速度差不多每秒 10 米，难道这个胖子的速度还能比世界冠军快一倍？这是不可能的。"

大头参谋长明白了，他说："这说明他不是从失火的地方来的，而是从比较近的地方来的。"

爱克斯探长挥了挥手说："可以排除他作案的可能，放他走吧！"胖子高兴地走了。

巡逻队长指着一对衣着华丽的青年说："他俩是在路口外的一辆公共汽车里抓到的。"

两个青年声明自己根本没到汽油库去。

爱克斯探长问："你们能拿出证据吗？"

两个青年说："我俩确实到过这个路口，不过没进汽油库。我们从路口出发，在公共汽车里被抓，这段路程的二分之一我们是步行的，三分之一是跑着追汽车，乘上汽车又走了 600 米，就被拘留了。"

爱克斯探长对大头参谋长说："他俩说的是不是真话，也需要核实。"

大头参谋长皱着眉头问："这次又该怎样核实呀？"

爱克斯探长说:"列个方程式算算他俩说的路程,和实际的路程是不是相符。"

大头参谋长用笔挠了挠脑袋:"这次该设什么为 x 啦?"

"一般说来,求什么就设什么为 x。"

"噢,这次是求路程,那我就设这段路程为 x 米,可是……怎么列方程式呢?"

爱克斯探长在地上画了一个示意图,指着图说:"你看,设这段路程为 x,其中有 $\frac{1}{2}x$ 步行,$\frac{1}{3}x$ 追赶汽车,还有 600 米是乘汽车走的。这个方程式该怎么列,还不明白吗?"

大头参谋长还真聪明,他看了一会儿就明白了,嘿嘿地笑着说:"知道了,把 $\frac{1}{2}x$ 和 $\frac{1}{3}x$ 加在一起,再加上汽车走的 600 米,不就等于全段路程 x 了吗?"说着他写出了方程式:

$$\frac{1}{2}x + \frac{1}{3}x + 600 = x。$$

爱克斯探长点点头说:"对,列方程式就是要努力找到一个联系已知数和未知数 x 的等式。列方程时,画图是很有帮助的。"

大头参谋长只学过算术，不会解方程式，因为那里面有一大堆未知数 x。

爱克斯探长说："x 有一个特性，虽然 x 出现的时候，代表的是未知数，但是一旦把 x 列进方程式，x 就和 3 呀，5 呀，$\frac{1}{2}$ 呀这些数一样，可以用来加、减、乘、除。"

大头参谋长一面听爱克斯探长讲解解方程的方法，一面尝试着解：

$$\frac{1}{2}x + \frac{1}{3}x + 600 = x,$$

$$\frac{5}{6}x + 600 = x,$$

$$\frac{1}{6}x = 600, \quad x = 3600(\text{米})。$$

大头参谋长看着求出来的得数，怀疑地问爱克斯探长："这个得数对吗？"

"得数是对的，现在需要核实两个青年说的话对不对。"爱克斯探长又问巡逻队长，"你们是在距离路口 3600 米的地方抓到他们的吗？"

巡逻队长惊讶地回答："不错，正好是 3600 米。咦，你们是怎么知道的呢？"

大头参谋长骄傲地回答："是爱克斯探长教我用爱克斯算出

来的。"

爱克斯探长一挥手说："两个数字相符，证明这两个青年说的是实话，没他们的事了。"

两个青年向爱克斯探长鞠了一大躬，欢天喜地地走了。

巡逻队长指着剩下的一个瘦高个儿说："他是在起火以后6分钟，在河边抓住的。"

大头参谋长马上说："一共四个嫌疑犯，排除了三个，剩下的这个准是作案的人。"

爱克斯探长摇摇头说："别忙，要肯定是他作的案，也得找出证据来。"接着他问那个瘦高个儿，"汽油库失火的时候，你在干什么？"

瘦高个儿迟疑地回答："当时我在河边散步。"

守路口的士兵大声说："不对，汽油库失火后两分半钟，我亲眼看见他从路口跑出去了。"

瘦高个儿瞪圆双眼冲着守路口的士兵嚷道："你诬赖好人！我一直在这儿散步。"

爱克斯探长说："计算一下他跑的速度。"

这次爱克斯探长自己计算速度啦，他边说边算："设他跑的速度为每秒 x 米，汽油库离路口是 600 米，他用了 2 分 30 秒，也就是 150 秒跑完，列出方程：$150x = 600$，$x = 4$（米/秒）。"

爱克斯探长接着说："他又从路口跑到河边，所用的时间是用

6分钟减去2分30秒，也就是210秒，他跑了 $4 \times 210 = 840$（米）的距离被抓住。"他转身问巡逻队长，"从路口到河边他被抓住的地方，是多少米？"

巡逻队长回答："正好是840米。"

大头参谋长厉声地对瘦高个儿说："这就证明你根本没在河边散步，而是从汽油库跑到河边的！"

瘦高个儿双手紧摆，着急地说："这是巧合，这不能作为证据。"

爱克斯探长在一旁冷冷地说："巧合？来，搜查一下他的全身！"

两名士兵从瘦高个儿身上搜出了手枪、雷管和各种伪造的证件。

"看你还说什么！"巡逻队长掏出手铐"咔嚓"一声铐住了瘦

16

高个儿的双手。

　　大头参谋长跟爱克斯探长第一次侦破，就获得胜利。他正得意地晃着大脑袋，一辆吉普车飞一样地开了过来，在路口猛然停住。眼镜局长跳下车，气喘吁吁地说："小胡子将军叫你们俩马上返回驻军司令部，有要事商量。"

夺枪者在何方

　　爱克斯探长、大头参谋长和公安局长急急忙忙赶回驻军司令部。一进门就看见满屋子人，小胡子将军火冒三丈，正在大发脾气，说什么霹雳火箭炮丢了，汽油库被点了，总有一天，他这个驻军司令也会被人抢了去！这时，他看见了爱克斯探长，立刻迎上去说："爱克斯探长，您辛苦了。城东又发生了抢夺巡逻兵枪支的案件，还得麻烦您走一趟。"

　　爱克斯探长二话没说，和大头参谋长、眼镜局长马不停蹄地赶到城东。巡逻兵向他们报告说："我背着冲锋枪，驾驶着摩托车，从驻军司令部到 6 公里外的东门去巡逻。我的摩托车的速度是每分钟 1.2 公里，刚走了两分钟，发现一个又高又胖的年轻人，也驾驶着摩托车，从驻军司令部后面出来，他开足马力追我，到东门正好把我追上。"

　　爱克斯探长一挥手说："暂停！"又回头对大头参谋长说：

"你先计算一下这个人的车速。"

大头参谋长似乎胸有成竹，大声说道："设夺枪者的车速为每分钟 x 公里，然后设法找到一个含有 x 的等式……"他的声音越来越低，爱克斯探长不由得转身看了看。

只见大头参谋长满头大汗，手里握着铅笔在白纸上画来画去，还自言自语地说："真奇怪，这个方程式我怎么列不出来呢？"

爱克斯探长笑着指点说："参谋长，列方程的时候，设什么为 x，是很有讲究的。x 设得合适不合适，往往影响到列出来的方程是简单还是复杂。如果 x 设得不合适，有时甚至列不出方程来。"

大头参谋长问："您不是说过，求什么就设什么为 x，刚才您不是叫我求车速吗？"

"我是这么说过。"爱克斯探长微笑着点点头，"但是数学这门学科的特点是既有规律性，又有灵活性。比如，速度、时间和路程，它们三者之间的关系是，速度等于路程除以时间，只要知道其中的两个数，就可以求出第三个数。根据刚才我们听到的情况，直接列方程求速度要费点事，可以先求与速度有关的数嘛！"

大头参谋长确实聪明，他眼珠一转说："哦，我明白了。我可以先求时间。设夺枪者从司令部跑到东门的时间为 x，已知这段路程是 6 公里，巡逻兵的车速是每分钟 1.2 公里，而他跑完这段路程比夺枪者多用了 2 分钟，因此可以列出下面的方程：

$$x + 2 = \frac{6}{1.2}, \quad \text{解得 } x = 3（分钟）。"$$

爱克斯探长说："既然知道夺枪者在 3 分钟的时间里跑完 6 公里的路程，他的车速……"

"他的车速是 6 ÷ 3 = 2(公里)，也就是每分钟 2 公里。"大头参谋长抢着回答，又很高兴地对爱克斯探长说："探长先生，您教给我的方法真灵。"

爱克斯探长对巡逻兵说："继续报告。"

"我们俩在东门休息聊天。这个人对我说，他希望和我交朋友，还说他很喜欢骑摩托车。他说他的摩托车油箱特别大，有一次，他到一个地方去旅游，把油箱灌得满满的，第一天走了全程的 $\frac{1}{4}$，第二天走了余下的 $\frac{3}{5}$，第三天又走了全程的 $\frac{1}{5}$，才把油用完，这时，离目的地只剩下 50 公里了。"

大头参谋长听得不耐烦了，便催促说："啰啰唆唆尽说这些有什么用，快说夺枪的过程吧!"

"不，巡逻兵说的这些情况很有用。"爱克斯探长打断了大头参谋长的话，"我们可以先算算，他如果灌满油箱，总共可以跑多远的路。"

"对!"大头参谋长一拍脑袋，表示他已经完全领会了爱克斯探长的意思，"设全程为 x 公里，这样，他第一天跑了 $\dfrac{x}{4}$ 公里，第二天跑了 $\dfrac{3x}{5}$ 公里，第三天跑了 $\dfrac{x}{5}$ 公里，把它们加起来，比全程 x 少 50 公里，可以列出方程:

$$\dfrac{x}{4} + \dfrac{3x}{5} + \dfrac{x}{5} = x - 50。"$$

大头参谋长通分化简，得:

$$\dfrac{21}{20}x = x - 50,$$

$$\dfrac{1}{20}x = -50,$$

$$x = -1000（公里）。$$

算到最后，大头参谋长惊讶地叫了起来："哟，怎么得出负数来啦?"

眼镜局长听了，摆出很有经验的架势解释说："这没什么可奇怪的，我听说负数表示相反的方向。这 -1000 公里嘛，说明……说明那个夺枪的家伙，开着摩托车不是往前进，而是往后退的。"

在场的人哈哈大笑，大头参谋长涨红了脸说："你们看看，我解方程的步骤并没错呀！"

爱克斯探长凑过去认真地看了看说："你把方程列错了。"他给大头参谋长画了一张图，解释说："夺枪者第二天走的是第一天余下的 $\dfrac{3}{5}$，而不是全程的 $\dfrac{3}{5}$，所以应该这样列方程：

$$\frac{x}{4}+\left(x-\frac{x}{4}\right)\cdot\frac{3}{5}+\frac{x}{5}=x-50。"$$

大头参谋长恍然大悟，说："还是我来解吧！

$$\frac{x}{4}+\frac{3}{4}\cdot\frac{3}{5}x+\frac{x}{5}=x-50，$$

通分 $\qquad \dfrac{5+9+4}{20}x=x-50，$

$$x=500（公里）。"$$

算到这儿，爱克斯探长惊讶地说："好大的油箱，装满油竟能跑 450 公里！"

眼镜局长分析说："也许他的摩托车特别省油。"

巡逻兵接着说："谁知那家伙趁我不注意，将我打翻在地，抢走我的冲锋枪，骑上摩托车就跑了。"

爱克斯探长问："他往哪个方向逃跑的？逃走了多长时间啦？"

巡逻兵回答:"出东门跑的,已有20分钟了。"

"他的车速是每分钟2公里,现在已经逃出40公里啦!"爱克斯探长拿出地图看了一下,又指着巡逻兵的摩托车问,"你的摩托车最高速度是多少?"

"最高速度是每分钟2.2公里。"

"好!参谋长,你驾驶着这辆摩托车,出东门以最快的速度追捕,3小时20分钟以后就可以抓到夺枪者。注意,沿着正东大道去追。"

大头参谋长接到命令,全副武装,披挂整齐,带上步话机,精神抖擞,跨上摩托车向东飞驰而去。

公安局长扶了扶眼镜问:"探长先生,你怎能料到3小时20分钟追上夺枪者呢?"

"也是算出来的呀!"爱克斯探长解释,"两辆摩托车每分钟车速相差0.2公里,现在它们距离40公里,需要

$$40 \div 0.2 = 200 \ 分 = 3 \ 小时 20 \ 分$$

才能追上。"

眼镜局长又问:"探长先生,出东门有好几条道,您为什么肯定他一定沿正东大道逃走呢?"

爱克斯探长指着地图说:"你看,出东门的那几条路,它们通到边境的距离都超过600公里,只有正东的大道离边境410公里。"

"这有什么关系?"

"你想,那个家伙是在光天化日之下夺的枪,他背着枪跑,目标很大,必须尽快逃离国境。可是他那辆摩托车装满油最多只能跑450公里,因此,只能走正东的那条大道。"

公安局长有点不安地说:"让大头参谋长一个人去,万一出点什么事……"

爱克斯探长蛮有把握地说:"你不是向我介绍过嘛,大头参谋长年轻、聪明又很能干。我放心得很!"

3小时20分钟好不容易过去了。步话机中传来大头参谋长兴奋的声音:"探长先生,眼镜局长,我已经追上这个家伙啦!"接着又听见一阵冲锋枪对射的声音。大头参谋长喊了一声:"缴枪不杀!"一个嘶哑的声音颤抖着说:"我投降,我投降!"大头参

谋长报告："战斗胜利结束！"

公安局长这才松了一口气说："好，咱们回司令部去休息一下吧！"

刚走进驻军司令部，只见炮兵团长跌跌撞撞地跑进来说："不好了，小胡子将军丢啦！"

小胡子将军失踪了

爱克斯探长听说城防司令小胡子将军丢了，这事非同小可，立即下达命令："保护好现场，封锁各个要道。"

爱克斯探长、大头参谋长和公安局眼镜局长，把城防司令部上上下下、里里外外搜了个遍，一点蛛丝马迹也没发现。

爱克斯探长低头沉吟说："嗯，看来作案的人很鬼，竟一点儿痕迹也没留下。"

突然，炮兵团长拿着一封信跑进来说："我在门外拾到一封给爱克斯探长的信。"

爱克斯探长看了炮兵团长一眼，打开信一看，信上写道：

尊敬的爱克斯探长阁下：

小胡子将军被我劫走了。他被独自关在本城第 a 条街，b 号楼，c 层的一个房间里，请你火速来领。如果今晚 7 点以前不领走，小胡子将军的生命安全我概不负责。

　　　　　　　　　　　顺致

敬意

　　　　　　　　　　　外　4 月 4 日

　　爱克斯探长翻过信的背面，发现还有：

$$a \text{ 的一半减 } 3\text{，再乘以 } 4\text{，等于 } a-4\text{；}$$

$$b\ \boxed{\ b\ } = \boxed{\ b+2\ }\ b-1\text{；}$$

$$\cfrac{\cfrac{\dfrac{c}{2}+1}{2}+1}{2}-1=1\text{。}$$

　　眼镜局长把信接过来看了半天，莫名其妙，无可奈何地说："这写的画的都是些什么呀？简直是天书。"又看了一下表，更着急了："现在都六点半了，只剩下半小时，小胡子将军怕没命了。"说完竟呜呜地哭了起来。

　　爱克斯探长忙安慰说："局长先生，请别着急，这背面写的画的就是解开 a、b、c 之谜的钥匙。我们可以把 a、b、c 算出来。"

　　大头参谋长说："这'外'是谁呀？有姓外的吗？"

"这'外'不是姓。外就是 y，过去我曾经说过，y 和 x 一样，也是用来表示未知数的。"爱克斯探长说到这儿，不由得笑了笑，"我这个 x 和 y，经常在一起合作寻找未知数的答案，从来没闹过矛盾，这回 y 是怎么啦，要来考考我。参谋长，你就先求 a 吧！"

大头参谋长答应说："好，我先求 a。设 a 为 x……"

爱克斯探长打断了大头参谋长的话，说："不用再设 a 为 x 了。在这里，a 本身就是一个未知数，用它直接列方程就可以了。"

大头参谋长边说边写："a 的一半，就是 $\dfrac{a}{2}$；减去3，就是 $\dfrac{a}{2}-3$；

再乘以4，就是 $4\left(\dfrac{a}{2}-3\right)$，等于 $a-4$。知道了，列出方程是：

$$4\left(\dfrac{a}{2}-3\right)=a-4,$$

$$2a-12=a-4,$$

$$\therefore \quad a=8。$$

哎！小胡子将军在第8条街上。"

眼镜局长高兴了，看了一下表说："有门儿。现在是6时35分，快算 b 是多少！"

大头参谋长看着信上画的图傻眼了。他摸着大脑袋说："一个正方形，一个长方形，中间还有一个等号。这是什么意思呢？"

眼镜局长分析说："画上等号，就是表示前面一个图形等于后面的一个图形。"

大头参谋长问："究竟指什么相等呀?"

"在这里,一种可能是指正方形和长方形的周长相等;另一种可能是指正方形和长方形的面积相等。但是,从两个图形已知的半边长看,$b+b \neq (b+2)+(b-1)$,因此不是指周长相等。"爱克斯探长也帮助分析。

大头参谋长点点头说:"那一定是面积相等了。正方形面积等于b^2,长方形面积等于$(b+2)(b-1)$,可列出方程:

$$b^2 = (b+2)(b-1),$$

展开　　$b^2 = b^2 + b - 2$,　∴　$b = 2$。

我算出来了!小胡子将军在2号楼里。"

眼镜局长高兴极了,他催促说:"快算c!还有一刻钟就到7点了,快!"

大头参谋长头上都冒出汗来了,他说:"别催我啦,最后这个方程,我没见过,不会解。"

爱克斯探长提示说:"这是一个繁分数,也没有什么难的,可以从分数线最短的部分算起。"

大头参谋长开始解题了:

$$\frac{\dfrac{\dfrac{c}{2}+1}{2}+1}{2} - 1 = 1,$$

$$\frac{\left(\dfrac{c}{4}+\dfrac{1}{2}\right)+1}{2} - 1 = 1,$$

$$\frac{c}{8} + \frac{3}{4} - 1 = 1,$$

$$\frac{c}{8} = \frac{5}{4},$$

$$\therefore \quad c = 10。$$

"好啦! 小胡子将军在第 10 层楼上。"大头参谋长高兴地说。

爱克斯探长建议:"集合士兵, 火速出发! 目的地是第 8 条街, 2 号楼, 第 10 层。"

炮兵团长在一旁为难地说:"2 号楼第 10 层有几百个房间, 如果挨个房间去找, 可要误事的。"

大头参谋长一挥手说:"现在只剩下 10 分钟, 已经顾不了那些了, 听我的命令, 立即出发。"

几十辆摩托车一字排开, 直奔第 8 条街 2 号楼。在大头参谋长的指挥下, 士兵分成几组顺着几个楼梯正准备扑向 10 层楼。

爱克斯探长看了一下表说:"还有 7 分钟, 这样盲目寻找不行, 要认真研究一下, 小胡子将军究竟在哪间房子里。"

爱克斯探长重新拿出那封信, 翻来覆去地看了看, 又拆开信封, 这才看见信封里面还写有一段话:

房间号码是三位数, 中间的数字是 0, 其余两个数字的和是 9。如果百位上的数字加 3, 个位上的数字减 3, 那么这个数, 就等于原数百位上的数字与个位上的数字对调后的数。

28

爱克斯探长冲大头参谋长一点头说："对不起，时间来不及了，我只好亲自来解了。设这个三位数个位上的数字是 x，根据题意，它的十位上的数字是 0，百位上的数字是 $9-x$。"

大头参谋长问："数和数字有什么不同呀？"

"简单地说吧，比如 327 是一个三位数，它的百位上的数字是 3，十位上的数字是 2，个位上的数字是 7。"

眼镜局长急得直跺脚说："我的好参谋长，什么时候了，你还问个没完，让爱克斯探长快点算出来吧！"

爱克斯探长接着往下算："根据条件，房间的号码是：

$$100 \times (9-x) + 10 \times 0 + x。"$$

大头参谋长忍不住又问："这个方程该怎么列呀？"

"要根据另一个条件去列方程式。"爱克斯探长胸有成竹地进行分析，"信上写着：百位数字加 3，就是 $9-x+3$；个位数字减 3，就是 $x-3$。得出来的新的三位数就是：

$$100 \times (9-x+3) + 10 \times 0 + (x-3)。$$

这个新的三位数等于原来三位数百位上的数字和个位上的数字对调后的数。对调后的数是：

$$100 \times x + 10 \times 0 + (9-x)。$$

这两个式子相等，列出方程：

$$100 \times (9-x+3) + 10 \times 0 + (x-3)$$

$= 100 \times x + 10 \times 0 + (9 - x)$。"

爱克斯探长列出方程，飞快地解着，一眨眼工夫就得出：$x = 6$，$9 - x = 3$。

爱克斯探长吁一口气，轻松地说："好了，小胡子将军在306号房间里。"

大家一齐奔到10楼的306号房间，打开门一看，小胡子将军正躺在床上睡觉，还一阵阵地打呼噜。到这时，大家心里的一块石头才落了地，城里钟楼上的大钟"当当当……"正好敲了7下。

眼镜局长把小胡子将军叫醒，小胡子将军坐起来，揉了揉眼睛，一看就愣住了，他说："这是什么地方，我怎么跑到这儿来啦？"

大头参谋长向他报告了事情的前后经过。"啪"的一声，小胡子将军一拍桌子，大声喊道："一定要把那个'外'给我抓住！"

"外" 是 谁

　　总算把小胡子将军找到了。可是，神秘信件的"外"是谁呢？他用什么办法把小胡子将军弄到这个地方来的呢？司令部那么多卫兵，难道都是白吃饭的吗？这一连串的问题困扰着大家。

　　小胡子将军说："咱们先回司令部吧。"大家下了楼，上了车。爱克斯探长没上车，他对小胡子将军说："将军，你们先走一步，我想和眼镜局长散散步，随后就到。"

　　眼镜局长明白，这是爱克斯探长想利用散步的机会和他分析一下，这个"外"究竟是谁？

　　两个人肩并肩地走着。突然，眼镜局长提了个问题："您看这个'外'是外面的人呢？还是司令部内的人呢？"

　　爱克斯探长对眼镜局长提出的这个问题很感兴趣，他反问道："你看呢？"

　　"驻军司令部戒备森严，外面人是很难进去的；小胡子将军昏睡，表明作案人在小胡子将军的水杯里放了适量的安眠药。除了勤务兵，其他士兵是不许进小胡子将军办公室的。"眼镜局长认真分析案情。

　　"这么说勤务兵值得怀疑喽！"

"不可能!"眼镜局长摇摇头说,"从'外'给您的信来看,作案人的数学水平挺高,可是小胡子将军的两个勤务兵的文化程度都不高。"

爱克斯探长又问:"不是士兵又可能是谁呢?"

"那……只能是军官。可是那么多军官,会是谁呢?"眼镜局长有点犯难了。

爱克斯探长不慌不忙地问:"司令部的这些军官中谁的数学最好?"

眼镜局长毫不迟疑地回答:"数学最好的只有大头参谋长和炮兵团长。"

爱克斯探长提醒说:"可是大头参谋长一直跟我在一起呀!"

眼镜局长扶了一下眼镜,瞪大了眼睛,一字一句地说:"这么说只能是炮兵团长干的啦!"显然他对这个推测是有怀疑的。

"还缺乏足够的证据。"爱克斯探长吸了口烟说,"你能向我介绍一些有关炮兵团长的情况吗?"

"炮兵团长和大头参谋长都是年轻有为的军官,数学都很好,炮兵团长甚至比大头参谋长还要聪明机智些。"

爱克斯探长打断了眼镜局长的话,问道:"那为什么小胡子将军不提拔炮兵团长当参谋长呢?"

"说来话长。"眼镜局长倒背着双手一边走一边说,"老参谋长去年退休了,小胡子将军想提拔一名新参谋长。当时大头参谋长是步兵团长，小胡子将军想从步兵团长和炮兵团长中提拔一个，可是提拔谁呢?"

"是啊，到底提拔谁呢?"爱克斯探长随口应和了一句。

"正巧，当时有一伙强盗从和平城路过，要到临近的一个村庄去抢劫。小胡子将军命令步兵团长和炮兵团长协同作战，消灭这伙强盗，想趁机考查一下他俩。"

爱克斯探长问:"他俩合作得怎么样呢?"

"唉!"眼镜局长叹了口气说，"大头参谋长顾全大局，事事找炮兵团长商量，可是炮兵团长却有意刁难大头参谋长。"

"噢? 怎样刁难?"

眼镜局长说:"出发时，大头参谋长询问炮兵部队的行军情况，步兵好和他配合。炮兵团长也不明说，只说从这儿到前沿阵地有 55.3 公里，炮兵部队要走 3.75 小时。前一段路程以每小时 15.6 公里的速度前进，后一段路程以每小时 13.04 公里的速度前进，炮兵团长要求步兵在两段路程的交结处和他会合。"

爱克斯探长笑着说:"嗬! 出师先考一道题，我来算算。设走完前一段路程用了 x 小时，那么走完后一段路程就用了 $(3.75 - x)$ 小时。由前一段路程与后一段路程之和等于 55.3 公里，可以列出方程:

$$15.6x + 13.04(3.75 - x) = 55.3,$$

展开

$$15.6x + 48.9 - 13.04x = 55.3,$$

$$2.56x = 6.4,$$

$$x = 2.5（小时）。$$

$$15.6 \times 2.5 = 39（公里）。$$

要在39公里处汇合。"

眼镜局长点头说："对！大头参谋长算出来的也是这个数。他带着步兵团准时在39公里处与炮兵团长汇合。谁料想炮兵团长又提出了新难题。"

"他又提出新难题？"爱克斯探长也有点震惊。

眼镜局长生气地说："炮兵团长叫大头参谋长把他带的999名步兵分成甲、乙、丙三个分队。要求用甲队的人数除以乙队的人数，或用丙队的人数除以甲队的人数，所得的都是商5余1。您看，这不是成心刁难大头参谋长吗？"

爱克斯探长关切地问："这次，大头参谋长算出来了吗？"

"这道题太难了，大头参谋长算了半天也没算出来。炮兵团长趁机讽刺挖苦大头参谋长一番。"眼镜局长愤愤不平。

爱克斯探长意味深长地说："看来炮兵团长很会出难题考人哪！"

眼镜局长请求说："这道题直到现在我还不会算，请探长先生帮忙算算。"

爱克斯探长笑着说："你来解，我帮忙。你只管大胆地做，我相信你一定能解出来。"

两个人蹲在地上算了起来。眼镜局长扶了一下眼镜问："这里有甲、乙、丙三个分队，我设哪个分队的人数为 x 好呢？"

"为了避免出现分数，最好设最小分队的人数为 x。"

"甲、乙、丙哪个分队最小呢？"眼镜局长自问自答，"甲除以乙，商 5 余 1，也就是甲 ÷ 乙 = 5 + 1。"

"不对！"爱克斯探长说："要写成甲 ÷ 乙 = 5……1 才对。也就是甲 = 5 × 乙 + 1。"

"噢，是六个点而不是加号。同样丙除以甲也是商 5 余 1，列出式子是丙 = 5 × 甲 + 1。乙队人数最少，我应该设乙队人数为 x，这时

$$甲 = 5x + 1，$$

$$丙 = 5 × 甲 + 1$$

$$= 5 × (5x + 1) + 1$$

$$= 25x + 6。$$

甲、乙、丙都用 x 表示出来啦，可是这个方程怎么列呀？"眼镜局长又有点糊涂。

爱克斯探长提醒说："甲、乙、丙三个分队合在一起恰好是 999 呀！"

眼镜局长一下子明白过来了，他说："合在一起就是做加法呀！我会列方程了：

$$x + (5x + 1) + (25x + 6) = 999，$$

展开

$$31x = 992，$$

$$x = 32 （人）。$$

哈！我求出来了。甲队有 $5 \times 32 + 1 = 161$（人），乙队有 32 人，丙队有 $25 \times 32 + 6 = 806$（人）。我验算一下：$\frac{161 - 1}{32} = 5$，$\frac{806 - 1}{161} = 5$。嘿！还真对。"

爱克斯探长把话题又拉了回来，他问："后来又怎么样呢？"

"这件事很快就被小胡子将军知道了，小胡子将军严厉地批评了炮兵团长，批评他心胸狭窄，只想个人出风头。同时，又表扬了步兵团长能够顾全大局，并提升他为参谋长。"

爱克斯探长又问："炮兵团长服气吗？"

"表面上服气，但是老毛病并没有改掉多少。不过，我要强调一下，炮兵团长虽然有缺点，但是他是个好人，他绝不会干出伤害小胡子将军的事情来。"眼镜局长分析问题是很有分寸的。

爱克斯探长佩服地点了点头说："你分析得很中肯，不愧是公安局长。事实上也是小胡子将军并没有受到任何伤害呀！反而舒舒服服地睡了一大觉，休息得蛮不错嘛。"

"炮兵团长虽然可疑，可是说他就是'外'，我总有点不信。"眼镜局长说完摇了摇头。

爱克斯探长把嘴贴到眼镜局长的耳边，小声嘀咕了几句。眼镜局长领会了爱克斯探长的意图，高兴地说："好主意！"说完，两个人加快了脚步，径直向司令部走去……

我就是"外"

小胡子将军看见爱克斯探长赶回了司令部,立刻迎上去握住他的手说:"我真要好好感谢您呀!没有您的神机妙算,'外'的这封信谁能破译出来啊!"

爱克斯探长谦虚地说:"也不是我一个人算的,大头参谋长也出了不少力。"

小胡子将军一听说大头参谋长也参加了破译工作,高兴极了,他站起来说:"嗯,我手下有两名年轻有为的军官,一个是大头参谋长,一个是炮兵团长。大头参谋长跟着您学,越学越有出息。炮兵团长,你可要迎头赶上啊!"

爱克斯探长向炮兵团长瞟了一眼，只见炮兵团长涨红了脸，很勉强地点了点头。

小胡子将军接着对爱克斯探长说："我已经老了，将来要把军权让给年轻人喽！"

爱克斯探长问："将军阁下，您今年多大年纪?"

"52岁。探长先生，您呢?"

"我的年纪嘛……对了，我现在的年龄是5年后年龄的5倍与5年前年龄的5倍之差，谁来算算我的年纪有多大?"爱克斯探长用自己的年龄编了一道题。

"我来算!"大头参谋长和炮兵团长都抢着要算。

大头参谋长不等爱克斯探长同意，就算了起来："可以设您——爱克斯探长现年为 x 岁，那么5年后就是 $x+5$ 岁，5年前就是 $x-5$ 岁。又知道您现在的年龄是5年后年龄的5倍与5年前年龄的5倍之差，可以列出方程：

$$x = 5(x+5) - 5(x-5),$$

展开 $$x = 5x + 25 - 5x + 25,$$

$$x = 50（岁）。$$

您现在50岁。"爱克斯探长笑着点了点头。

"好样的!""算得真快!""嘿！没白跟爱克斯探长学。"大头参谋长的解算一气呵成，博得满屋人的喝彩。

"这有什么了不起，"炮兵团长撇了撇嘴说，"这么容易的题，

38

要是我来算，根本不在话下。不是吹牛，即使有十道八道，我一口气也全能做出来。"

爱克斯探长对小胡子将军说："您的两位接班人都有志气，他们的年纪多大？"

小胡子将军倒背着双手，边回忆边说："他俩到底多大，我可记不清了。这点公安局长很清楚。"

公安局长接着回答："我记得爱克斯探长25岁那年，他们俩还都是孩子，大头参谋长当时的年龄是炮兵团长的两倍。后来炮兵团长22岁那年，爱克斯探长的年龄又是大头参谋长的两倍。"

爱克斯探长故意说："可真够绕的！"

话音没落，炮兵团长抢着说："这有什么难的？我也会设x。"

小胡子将军指着炮兵团长说："你是知道你自己的年龄的，你来算必须要有根有据。"

"那是自然，"炮兵团长清了清嗓子说，"设大头参谋长现年x岁。大头参谋长的年龄是我的两倍时，爱克斯探长恰好25岁。爱克斯探长现年50岁，这说明是25年前的事了。"大家纷纷点头，觉得炮兵团长分析得有道理。

炮兵团长又接着说："关键是要列出一个等式。我今年……"说到这里，炮兵团长猛然停住了。他说，"我……我的年龄也是未知数呀！可这……已经有一个x了……"

爱克斯探长突然站了起来，指着炮兵团长说："已经有一个

x，可以设你的年龄为 y 嘛!"

一个"y"字，如同在平静的湖水中投进了一块巨石，激起了轩然大波。

小胡子将军反应最快，他高声叫道："谁是'外'？快把'外'给我抓起来。"下面的人也跟着嚷嚷："'外'在哪儿？'外'在哪儿？"

再看炮兵团长，面如土色，满头是汗。

爱克斯探长赶紧摇摇手说："请安静。司令官阁下，我们在解方程哪! 由于 x 这一个未知数不够用，我建议设炮兵团长的年龄数为 y。"

"炮兵团长就是'外'？"小胡子将军显然还是没听懂。

爱克斯探长解释说："我是说设炮兵团长现在的年龄为 y 岁，y 和'外'是字不同而音同。请炮兵团长继续往下解题吧。"炮兵团长两眼发愣，呆呆地站在那里，爱克斯探长的话他竟然没听进去。

小胡子将军倒听明白了，他笑着说："原来你说的不是作案人'外'呀! 那，炮兵团长你快解题吧。"

炮兵团长镇定一下说："25 年前大头参谋长的年龄是我的两倍。25 年前，我是 $(y-25)$ 岁，大头参谋长是 $(x-25)$ 岁。这样可以列出一个方程：

$$x-25=2(y-25),$$
$$x=2y-25。 \tag{1}$$

我现年是 y 岁。"说到 y 时，可以听出炮兵团长声音有点发抖。

炮兵团长咳嗽了一声，提了提精神说："我 22 岁时，是多少年前呢？应该是 $y-22$ 年前。在 $y-22$ 年前爱克斯探长的年龄恰好是大头参谋长的两倍，又可列出一个方程：

$$50-(y-22)=2[x-(y-22)],$$

解得 $\qquad\qquad y=2x-28$。 $\qquad\qquad$ （2）

往下我可不会解了。"炮兵团长实在太紧张了，想赶快结束解算。

"不能打退堂鼓呀，"爱克斯探长拦住炮兵团长说，"你已经把这道题解到这一步，怎么能甩手不管呢！"

炮兵团长惶恐不安地说："这个 y 我没法处理呀！"

"好办！可以使用代入法，把（2）式代入（1）式，将 y 代掉，将 y 消灭掉！"爱克斯探长故意把"将 y 消灭掉"几个字说得又狠又重。只见炮兵团长全身猛然一抖，豆大的汗珠顺着额角直往下淌。他擦了擦额头上的汗，将（2）式代入（1）式，得到

$$x=2(2x-28)-25,$$

$$3x=81，x=27。$$

炮兵团长有气无力地说："大头参谋长现年 27 岁。"

小胡子将军问："那么，你的年龄呢？"

爱克斯探长接着问："y 呢？"

"y？"炮兵团长吓得两手捂着头说，"我不知道'外'是谁！"

爱克斯探长说："y 总会解出来的，'外'也总要暴露出来

的。炮兵团长，难道需要我把 y 解出来吗?"

"不、不，我自己来解。将 $x = 27$ 代入 $y = 2x - 28$ 中，$y = 26$。我 26 岁。"

突然，炮兵团长'扑'到小胡子将军脚下，边哭边说:"我就是'外'，我对不起您啊!"

"什么? 炮兵团长就是'外'!"在场的人都十分惊讶，只有爱克斯探长和公安局长平静地坐在那里。

小胡子将军伤心地问:"你为什么要……"

炮兵团长泪流满面地回答:"说来话长……"

一笔糊涂账

炮兵团长正在那里哭得气塞声噎，只见爱克斯探长走上前去，拍拍他的肩膀说："炮兵团长，我替你说吧。我知道你没有坏心，就是想显显你的数学才能，是不是？"

炮兵团长一听，连连点头，哭得更伤心了。在场的人都觉得莫名其妙，把目光集中在爱克斯探长身上。只见他转身对小胡子将军说："将军，我来解释一下。首先，我见到'外'的信，就发现此人数学水平不低；其次，我确定，能够把您从容地带出司令部的，只有您身边的高级军官。司令部的高级军官中，数学水平高的只有两个人，一个是大头参谋长，另一个就是炮兵团长。而大头参谋长一直在我身边，他不可能作案。那么，'外'极可能就是炮兵团长。"

听他这么一说，在场的人都如梦初醒，连连点头。爱克斯探长接着分析说："作案人并不笨，我敢肯定，他心里明白，信上的题目决难不倒我，我一定能把将军阁下找到。"

"他为什么要这样做？"小胡子将军又糊涂了。

爱克斯探长微笑着说："还是炮兵团长自己说吧！"

炮兵团长满脸羞愧地说："是嫉妒迷了我的心窍。我和大头参谋长的数学水平本来不相上下，可是将军您老夸大头参谋长的数学好，我心里不服气，一气之下我就犯了这个大错误。"

小胡子将军刚要大发脾气，忽然跑来一个满头大汗的卫兵，递给爱克斯探长一封加急电报。爱克斯探长拆开一看，轻轻地"啊"了一声，立刻对小胡子将军说："将军，您也别生气了。这件事炮兵团长是做错了，但是他已经承认了错误，况且也没有产生严重后果。现在国际侦探组织有一个重要情况需要我去，关系到咱们和平城的安全，我必须马上动身。我不在期间，请你们一定要注意内部团结，警惕外部敌人的捣乱。炮兵团长要协助大头参谋长，将功补过，不许再制造事端……"

小胡子将军也站了起来，对炮兵团长说："看在爱克斯探长面上，暂且饶你一次。再出鬼点子，新账老账一起算。"小胡子将军又回头对财政局长说："爱克斯探长要去办事，你先从国库拨出 20 万元给他做活动经费。"

财政局长一愣，支支吾吾地说："国库里钱不多了，大约只剩 20.5 万……"

"什么？"小胡子将军跳了起来，"不可能！你先支 20 万元给爱克斯探长，让他快去办事。明天上午以前把账本给我，我要查账。"

财政局长哪敢怠慢，他先把钱送给爱克斯探长，第二天一早，又把账本送给小胡子将军。

小胡子将军翻开账本一看，只见账本上有许多墨点，把一些数字都盖上了，他气得大声问："这是怎么搞的？"

财政局长吓得脸色煞白，结结巴巴地说："前天晚上我正在算……算账。我女儿，不，是我儿子在一旁写大字。他不留神把墨汁瓶碰翻了，溅了一账本。我……我还打了他一顿。"小胡子将军把账本一摔，说："数字都看不清了，怎么查？纯粹是一笔糊涂账！"

大头参谋长和炮兵团长闻声走了进来，说："您别急，让我们俩来查。"

他们带着账本回去，翻开账本，第一笔账写着：军火库买进火药2●吨，每吨500●元，共计●25150元。大头参谋长想了一下，说："总钱数一定是125150元。"

炮兵团长问："你是怎么知道的？"

"你想啊！500●中间有两个0，这样500●和2●相乘，不论怎么进位，都影响不到总钱数中十万位上的数字。由于$2 \times 5 = 10$，可以推算出十万位上的数字一定是1。"

炮兵团长点点头说："有道理。那么其余两个墨点盖住的数字，又怎么猜得着呢？"

"靠猜怎么行？"大头参谋长说，"还是用方程来解吧。这里有两个墨点，要设两个未知数。"

"让我来做吧！"炮兵团长赶紧说，"设火药吨数里墨点下的数字为x，那么火药就是（20＋x）吨，又设每吨火药价里墨点下的数字为y，那么每吨火药是（5000＋y）元。由于共计用了125150元，可以列出方程：

$$(5000 + y)(20 + x) = 125150,$$

展开得

$$100000 + 5000x + 20y + xy = 125150,$$

两边各减100000，得：

$$5000x + 20y + xy = 25150。"$$

炮兵团长解到这儿，给卡住了。大头参谋长也在冥思苦想。突然他一拍大腿，说："有了！可以肯定 x 和 y 都不是0。如果 x 是0，y 不是0，代入上面式子，就变成 $20y = 25150$，y 就不是一位整数，可是咱们设的 x 和 y 都是一位整数，所以 x 不是0；如果 $y = 0$，代入上面的式子，$5000x = 25150$，x 不是整数，也不对；如果 x、y 同时为0，代入上式就会出现左边是0，而右边是25150，这当然更不对了。"

炮兵团长问："你说这一大套有什么用？"

"用处可大啦！"大头参谋长兴奋地说，"x、y 都不超过9，它们的积最大不会超过81。而25150中最后两位数字是50，我想50一定等于 x 乘 y，即 $xy = 50$。"

炮兵团长反驳说："肯定不对！$50 = 5 \times 5 \times 2$，x 和 y 都是从1到9的正整数，它们相乘怎么能得出50呢？"

这番话像一瓢凉水泼在头上，大头参谋长顿时凉了半截，他说："你说得对。可是，这 x 和 y 怎么求呢？我看准是财政局长捣的鬼，成心把账弄糊涂，非得要他交代不可！"

炮兵团长摇摇头说："不可轻举妄动。财政局长一向老实，怎么会干这样的事？再说即使是他干的，你没有证据，他又怎么肯交代？"

大头参谋长只得捺下性子，又思考起来。忽然，炮兵团长说："咱们别老琢磨末两位数，换条路子琢磨一下头两位数，行不行？"

大头参谋长眼睛一亮，忙问："怎么琢磨？"

炮兵团长说："我也不知道。"

大头参谋长想了一会儿，连说带写："你想，x 乘 y 不超过 81，也就是 $xy \leq 81$，而 20 乘 y 呢，不会超过 180，也就是 $20y \leq 180$。把 $20y$ 和 xy 相加，也不会超过 $81 + 180 = 261$，对不对？"

炮兵团长还不明白，他说："算得倒是对……"

大头参谋长抢着说："$20y + xy \leq 261$，说明 $20y + xy$ 不会得出三位以上的数字，那么这 25150 中的头两个数字所代表的 25000，一定是 5000 和 x 相乘得来的，即 $5000x = 25000$，$x = 5$。"

炮兵团长高兴地喊了声："有门儿！"

"那么 $20y + xy$ 就一定是 150。把式子中的 x 换成 5，得出

$$20y + 5y = 150,$$

$$25y = 150, \quad y = 6。$$

我来验算一下：$5006 \times 25 = 125150$。对！没错！"大头参谋长和炮兵团长高兴得跳了起来。他们俩用同样的方法，又算出了好几笔账。

他俩带着账本去见小胡子将军，当着财政局长的面，他们把账本上的数目一笔笔算清楚，最后说："从账面上看，国库里应有 100 多万元，怎么只剩下这么一点？是不是你贪污了？"

财政局长吓得浑身发抖，哆哆嗦嗦地说："我交代，账本是涂改了。可钱……钱我没拿，是……是他……"

小胡子将军一瞪眼，喝问："他是谁？"

一个身份不明的人

财政局长承认有人把国库里的钱弄走了，小胡子将军追问此人是谁。

财政局长说："三天前一早，我刚刚上班，正准备清理一下账目，突然一个戴着大口罩的人闯了进来。他用枪逼着我，说要借钱。我被他逼得没办法，只好让他拿走了一大笔钱。"

大头参谋长紧握双拳，对财政局长叫道："你这个胆小鬼，为什么不和他搏斗？为什么眼睁睁地让他把钱拿走？"

小胡子将军却很冷静地问："他拿走了多少钱？"

财政局长支支吾吾地说："我也说不清。"

"嗯?"小胡子将军两眼一瞪说,"拿走多少钱,你都不知道?"

财政局长说:"他叫我打开保险柜,先数了一下柜里有多少钱,然后掏出一大一小两只口袋。他先把大口袋里装满了钱,对我说,明人不做暗事,这口袋里装的都是大票子,装走的钱数是总钱数的$\frac{1}{2}$还多2万元。"

炮兵团长插话说:"你总该知道保险柜里有多少钱吧?"

"刚上班,我还没来得及清点,他就闯进来了。柜里的钱数我说不准,大概有100多万元吧。"财政局长自知责任重大,低下了头。

小胡子将军生气地说:"你心里什么都没个数,快往下说。"

财政局长继续说:"他又把小口袋装满,然后对我说,这口袋装的钱数是余下钱数的$\frac{3}{4}$还少1万元,剩下20.5万元好让你向小胡子将军交账。"

大头参谋长问:"那账上的墨点又是怎么回事?"

财政局长叹了口气说:"他临走时对我说,'我拿走了这么多钱,小胡子将军会饶过你吗? 我教你一个高招吧。'说着他把账本打开,把墨汁洒在账面上,又教我如何说瞎话欺骗您,我……我有罪呀!"说完就呜呜地哭了起来。

"你的问题以后再处理。"小胡子将军转身对大头参谋长和炮兵团长说，"你们俩要以最快的速度，把坏蛋拿走的钱算出来。"

"是!"两个人答应一声，就到一旁去计算了。

炮兵团长说："这个问题的已知条件挺多，又是$\frac{3}{4}$，又是$\frac{1}{2}$，又是多2万元，又是少1万元，最后还有个20.5万元。我看，咱们就设坏蛋拿走的钱为未知数x吧。"

"先别忙，"大头参谋长说，"爱克斯探长告诉过我，不一定求什么就设什么为未知数。我看这个坏蛋拿走的钱是总数的$\frac{1}{2}$多2万和剩下的$\frac{3}{4}$少1万，都要用总钱数来算，设总钱数为x元，计算起来更方便些。"说着，大头参谋长拿出纸和笔来，"咱俩开始列方程吧，要一步一步地列。"

炮兵团长着急地说："小胡子将军等着要答案，咱们还是赶紧把方程一下子列出来吧，别分步了!"

大头参谋长摇摇头说："不成啊!我过去列方程比你还着急，结果总是列错，反而耽误时间。爱克斯探长告诫我说'欲速则不达'，咱们还是先把大口袋里的钱数算出来。"

"这容易。"炮兵团长说，"设总钱数为x元，根据大口袋里钱数是总钱数的$\frac{1}{2}$还多2万元，应该是$\left(\frac{1}{2}x+20000\right)$元。"

"对!大口袋装满后，余下的钱数是$x-\left(\frac{1}{2}x+20000\right)$。"大

50

头参谋长说出了第二步。

炮兵团长说："小口袋里的钱数是装完大口袋余下钱数的$\frac{3}{4}$少1万元，应该是：

$$\frac{3}{4}\left[x-\left(\frac{1}{2}x+20000\right)\right]-10000。"$$

大头参谋长说："可以列出方程了：

$$x-\left(\frac{1}{2}x+20000\right)-\left\{\frac{3}{4}\left[x-\left(\frac{1}{2}x+20000\right)\right]-10000\right\}=205000"$$

⋮   ⋮   ⋮   ⋮

总钱数 大口袋里的钱数   小口袋里的钱数   最后剩下的钱数

炮兵团长吃惊地说："好长的方程呀！要一步列出来还真不容易。我来解。展开：

$$x-\frac{1}{2}x-20000-\frac{3}{4}x+\frac{1}{2}x+20000+10000=205000。"$$

炮兵团长还想往下解，大头参谋长拦住说："慢着，展开方程时，脱括号最容易出错了，咱们先一项一项检查，如果没问题了再解也不迟。"接着就一项一项地检查起来。"第一个小括号外面是负号，脱括号时里面每一项都要变号，$\frac{1}{2}x$变成$-\frac{1}{2}x$，对；20000变成−20000，也对。"

炮兵团长有点不耐烦了，他说："你检查什么呀！我还能做错了？"

51

大头参谋长不理他，只是一个劲儿地往下检查："脱掉这个大括号，由于前面是负号，–10000 要变成10000，对；再脱掉中括号，应该用 $-\frac{3}{4}$ 去乘里面的每一项。唉！不对啦。"

炮兵团长忙问："怎么不对啦？"

"你脱中括号时，只注意到里面变号了，没拿前面的 $\frac{3}{4}$ 去乘小括号里边的 $\frac{1}{2}x$ 和20000呀！"

炮兵团长一看，脸红了，说："果然是忙中出错，我来改。"这回他算得特别认真：

$$x - \frac{1}{2}x - 20000 - \frac{3}{4}x + \frac{3}{4} \times \frac{1}{2}x + \frac{3}{4} \times 20000 + 10000 = 205000,$$

整理 $x - \frac{1}{2}x - \frac{3}{4}x + \frac{3}{8}x - 20000 + 15000 + 10000 = 205000,$

$$\frac{1}{8}x = 200000, \quad x = 1600000（元）。$$

炮兵团长说："快去告诉小胡子将军，这人拿走了160万元。"

大头参谋长摇摇头说："这 160 万元是总钱数，而他拿走的钱数是 1600000 – 205000 = 1395000（元）。"

小胡子将军听说这个戴口罩的人拿走了这样一笔巨款，心里奇怪：拿这么多钱干什么呢？他问财政局长："他还说什么了？"

财政局长想了一下说："他临走时说，我是来借钱的，这笔钱将来还是要花在和平城里。"

"嗯?"小胡子将军倒背着双手，在屋里不停地踱着步，"他这话是什么意思呢?"

大头参谋长说："他准是想在咱们和平城抢购一大批东西。应该通知商业部门，谁买的东西多就把谁抓起来审问。"

炮兵团长摇摇头说："不，他不会那么傻。他如果想要东西，直接抢商店不就成了吗?"

小胡子将军说："炮兵团长说得对。此人来和平城必有更阴险的目的。财政局长，你说这人有什么特征?"

"这个人中等身材，年纪有四十多岁，秃头，身体很健壮，不过他说话有点特别。"财政局长说到这儿停住了。

大头参谋长急着问："怎么个特别法?"

财政局长说："他说话好像有点漏风。"

大头参谋长晃悠着大脑袋说："说话漏风？真新鲜！不过，这人数学水平可不低呀。"

　　公安局眼镜局长匆匆进来说："报告！在市中心发现一个秃脑袋、戴大口罩的可疑人。"

　　小胡子将军问："他身上带着什么？"

　　"肩上背着一个大口袋，手里还拎着一个小口袋。"

　　小胡子将军一跺脚说："正是他！大头参谋长，炮兵团长，你们俩带上武器和微型步话机，盯住他，千万别把他打死，要抓活的！"

追　　踪

　　大头参谋长带着微型步话机和炮兵团长、公安局长一溜儿小跑来到了市中心。可是，戴大口罩的人已经不知去向了。

　　大头参谋长埋怨公安局长说："瞧你，也不派个人盯住他，让他跑了吧！"

　　公安局长摘下眼镜，一面擦汗一面说："发现他的时候，只有我一个人，哪里去找人盯住他？"大头参谋长用步话机向小胡子将军汇报了情况。

　　小胡子将军告诉他们，巡逻兵发现戴大口罩的人在新商业区的西南角，他沿着新商业区的西侧，正从南向北走去。小胡子将军命令大头参谋长赶快找到他。

大头参谋长问炮兵团长："新商业区是一个正方形，咱们现在的位置是在新商业区的东南角。你说，咱们是先向北追好呢，还是先向西追好？"

　　炮兵团长回过头问公安局长："你知道这个新商业区每边有多长吗？"

　　公安局长摇摇头说："我可不知道。你问每边多长有什么用？"

　　炮兵团长解释说："如果每条边比较长，戴大口罩的人从南往北走，需要比较长的时间才能走到北头，这时咱们先西后北地追赶他，就可以在新商业区的西侧追上他；如果每条边比较短，他很快走到了北头，很可能又转向东走，这时咱们先北后西去追，能迎头遇到他。"

　　大头参谋长点点头说："炮兵团长分析得有道理。这里只有一部微型步话机，咱们还不能分开去追。"

　　公安局长把眼镜戴好，说："哎呀！这个新商业区的每边有多长，我真的不知道。不过，把旧商业区改建成新商业区的整个过程，我是清楚的。"

　　"你说说看。"炮兵团长对商业区的改建过程很感兴趣。

　　公安局长边想边说："我听建工局长说过，把旧商业区改建后，新商业区的面积比原来多出来10000平方米。"

　　炮兵团长瞪大眼睛追问："你还知道什么？再说得详细点。"

　　公安局长突然想起来了，他说："对啦！旧商业区是长方形

55

的，改建时把旧商业区的长减少了 40 米，宽增加了 70 米，变成了一个正方形的新商业区。"

炮兵团长一拍大腿说："好极了！有这几个数据，正方形的边长就可以算出来啦。我先画个图。"说完在地上画了个图。

炮兵团长在图上边画边说："设正方形的边长为 x 米，正方形的面积就是 x^2 平方米。"

大头参谋长抢着往下解："长方形的长减少 40 米才是正方形的边长 x 米，这样长方形的长就是 $x+40$ 米。同样道理，长方形的宽应该是 $x-70$ 米。长方形的面积就是：

$$(x+40)(x-70) \text{ 平方米。"}$$

炮兵团长又接着算："根据正方形比长方形的面积多 10000 平方米，可以列出方程：

$$x^2-(x+40)(x-70=10000,$$

展开 $$x^2-x^2+30x+2800=10000,$$

整理 $$30x=7200,$$

$$x=240（米）。"$$

不到半分钟就算出来了。公安局长佩服地说："二位算得真够快的，我是跟不上啊！"

炮兵团长说："240 米，他得走一会儿哪。咱们先往西追！"说完撒腿就往西跑，跑到西南角，拐过来就往北追。远远就看见一个肩背大包、手提小包的人正往北走。

眼镜局长用手一指，说了声："就是他，快追!"三人加快脚步追了上去，眼看就要追上了，突然街边一个电影院散场了，从里边拥出很多人，三个人被人群一冲，再找，戴口罩的人不见了。

大头参谋长一跺脚说："嘿!你说多倒霉。这电影早不散场晚不散场，偏偏这时候散场。"

还是眼镜局长有经验，他很沉着地说："他跑不了多远。我估计，他不是钻进了右边的百货公司，就是溜进了左边的水上公园。"

大头参谋长当机立断，他命令眼镜局长守住水上公园的门口，炮兵团长守着百货公司的门口，自己先进百货公司去搜查。

大头参谋长把一楼找遍了，也没有找见。上到二楼再找，还是没有找见。又走上了三楼，看见许多人挤在卖鞋的柜台前，挑选新式皮鞋。在人群中露着一个大口袋，大头参谋长心想，好啊!你以为躲在人群中我就找不到你呀。他拔出手枪跑了过去，右手的手枪往前一顶，左手抓住口袋用力往外一拉，说了声："朋友，认识一下好吗?"待背口袋的人一回头，把大头参谋长吓了一跳，原来是一位老太太。大头参谋长赶紧向老太太行了个举手礼，说："对不起，搞错了。"接着一溜烟儿跑出了百货公司。

炮兵团长在门口问："怎么样？找到了没有？"大头参谋长擦了把额头上的汗，说："没有，咱们赶快去水上公园再搜。"

　　大头参谋长跑进水上公园，用眼睛向四周扫视了一下，很快就发现了一个戴大口罩的人刚刚租好一艘汽艇，向公园出口驶去。炮兵团长也发现了目标，他说："不好，他要乘汽艇逃跑！"戴口罩的人十分狡猾，为了躲避大头参谋长的视线，他贴着湖的外沿行驶。

　　大头参谋长也想租一艘汽艇，跟踪追击。可是租船人说："汽艇已经全部租出去了。"大头参谋长一跺脚说："真糟糕！"

　　炮兵团长安慰说："你可以绕着湖心小岛追他。不过，需要计算一下时间，看能不能追上。"

大头参谋长问租船人："这个圆形湖的周长是多少？圆形岛的周长是多少？汽艇速度有多快？"一连三个问题把租船人给问愣了。

炮兵团长解释说："我们在追踪一个坏蛋，请你帮帮忙，快！"

租船人说："我只知道圆形湖的半径是湖心岛半径的三倍，圆形湖的周长比小岛周长多 17600 米。"

炮兵团长无可奈何地说："闹了半天还需要算。设湖心岛半径为 R 米，湖的半径就是 $3R$ 米。这样湖心岛的周长是 $2\pi R$ 米，湖的周长是 $2\pi(3R)$ 米，它们之差是 17600 米，可以列出方程：

$$6\pi R - 2\pi R = 17600,$$

$$4\pi R = 17600,$$

$$R = \frac{17600}{4\pi}。$$

哎，参谋长，π 取多少好算一些？"

大头参谋长说："π 取 $\frac{22}{7}$ 吧。这样

$$R = \frac{17600}{4 \times \frac{22}{7}}$$

$$= \frac{7 \times 17600}{88}$$

$$= 1400（米）。$$

湖心岛的半径是 1400 米，而湖的半径是 3×1400＝4200（米）。有了半径就可以求出圆周长……"

炮兵团长拦住说："其实只求出湖心岛周长的一半就可以了。湖心岛周长的一半 $=\pi \times R=\frac{22}{7} \times 1400=4400$（米）。租船人说湖的周长比湖心岛的周长多 17600 米，半周长就多 8800 米，这样湖周长的一半 $=4400+8800=13200$（米）。"

大头参谋长说："我的 100 米成绩是 12 秒 5，合算成速度是每秒 8 米。汽艇速度是多少？"

租船人说："汽艇的速度是每秒 10 米。"

大头参谋长得意地说："他开汽艇到对岸需要 $\frac{13200}{10}=1320$（秒），我从湖心岛跑到对岸，需要 $\frac{4400}{8}=550$（秒）。行！我比他早到 770 秒，差不多有 13 分钟哪！一定能追上他，请大家不要着急。"

炮兵团长搓着双手说："你算得不对！你只算小岛的半周长啦。你怎么不算上连接湖心岛和两岸的桥长呢？难道你能飞到小岛上去？"

"对啦！我是忙中有错，忘了加上桥长了。"大头参谋长赶忙算桥长，"用湖的半径减去小岛的半径就是一座桥的长度，再乘以 2 就是两座桥的总长。即

桥的总长 $=2 \times(4200-1400)=5600$（米）；

到对岸的路程 = 4400 + 5600 = 10000（米）；

跑到对岸时间 = $\dfrac{10000}{8}$ = 1250（秒）。"

大头参谋长一捂脑袋喊道："啊呀！我只比他早到70秒，才一分多种。这又耽误了半天，我得快跑才成！"说完撒腿就跑。

戴大口罩的人发现大头参谋长在追他，他加快速度向出口处冲去。大头参谋长两眼盯住戴大口罩的人驾驶的小艇，飞也似的追赶。

大头参谋长刚刚跑到对岸，看见戴大口罩的人也刚刚上岸。大头参谋长迅速拔出手枪，就要上前逮捕他。

突然，微型步话机里传出了爱克斯探长的声音："大头参谋长，请你不要逮捕他！"

"啊？费了半天劲我才追上他，怎么能把他轻易放掉呢？"大头参谋长实在搞不明白。

"听从命令！你们立即返回司令部，有要事商量。"步话机里传出了小胡子将军严厉的声音。

"是！立即返回司令部。"作为军人，大头参谋长从来就是服从命令的。他把手枪放回衣袋，眼睁睁地看着戴大口罩的人上了岸，从出口处走了……

"抓住了没有？"炮兵团长和眼镜局长此时也赶到了。

大头参谋长把手一挥说："小胡子将军命令咱们立即返回司令部！"

阴　谋

　　大头参谋长、炮兵团长和眼镜局长马不停蹄地赶回司令部，一进门正看见小胡子将军和爱克斯探长在研究一封信。

　　爱克斯探长见大头参谋长满脸不高兴，忙站起来说："你们辛苦了。"

　　"辛苦还不是白辛苦，人都放跑了！"看来大头参谋长的气还没消。

　　爱克斯探长心平气和地说："现在还不能逮捕他，因为这里面还隐藏着更大的阴谋。"

　　"阴谋？什么阴谋？"大头参谋长和炮兵团长都被搞糊涂了。

　　"你们想，最近几天，为什么有人来偷盗霹雳火箭炮？为什么有人放火焚烧油库？为什么有人抢夺巡逻兵的枪支？又为什么有人从国库里抢走一大笔钱？难道这些都是孤立的、偶然的吗？"爱克斯探长一连串的问题把大家问住了。

　　眼镜局长用手扶了一下眼镜说："我也觉得奇怪！咱们和平城最近是一个案子接着一个案子，原来这里面有阴谋啊！"

　　"对的。"爱克斯探长说："根据国际侦探组织提供的可靠情报，这些案子是同一个暴力集团干的。那个戴大口罩的人，是这个暴力集团的大头子。"

"他是大头子！"大头参谋长激动地说，"那为什么不赶紧把他抓起来呀？"

爱克斯探长一摆手说："他来和平城的目的是什么，城里还有没有他的同伙？这些情况都没有搞清楚，咱们不能打草惊蛇呀！"

公安局长插话说："这叫做放长线钓大鱼。"

大头参谋长着急地问："把他放走了，将来到哪儿去找他呀？"

爱克斯探长随手把信递给大头参谋长，说："这个集团已经和咱们内部的人勾搭上了，你们看看这封信吧。"

大头参谋长接过信一看，信上写道：

我亲爱的没见过面的伙伴：

我将于 a 月 b 日晚 c 时去取回我的三只耗子。届时我带几个弟兄去，我带的人数和狱中狱警人数、犯人数的平均数恰好是

50。请你提前两小时到快乐旅店接我们。

联系暗号：我是你的哥哥，但你不是我的弟弟。

注意：a、b、c 是小于 9 的三个连续自然数，$\frac{1}{a} + \frac{2}{c} = \frac{3}{b}$。

祝你

财运亨通

口不正

公安局长和炮兵团长也把信看了一遍，可是你看看我，我看看你，谁也看不懂。

大头参谋长摇摇头说："什么乱七八糟的，我一句也看不懂。"

眼镜局长问爱克斯探长："这封信您是从哪儿得到的？是谁寄给谁的？"

爱克斯探长说："这封信我是在邮局查获的，是戴大口罩的人寄给狱警队长的。"

炮兵团长提出了一个问题："这个人为什么总戴着个大口罩？"

爱克斯探长笑了笑说："他是个歪嘴。"

"噢，怪不得我听他说话有点漏风。"财政局长明白过来了。

"他信中署名口不正，口不正就是歪嘴呀！"大头参谋长也明白过来了。

"还是请爱克斯探长讲讲这封信是怎么查获的，信中讲的是些什么吧！"炮兵团长又把话题拉了回来。

"当我得知偷霹雳火箭炮的、烧油库的和抢冲锋枪的匪徒是歪嘴的同伙时，我猜想歪嘴这次来和平城的一个重要目的，是想救出关在监狱里的三个匪徒。"爱克斯探长分析说，"歪嘴是个老手，他不会蛮干。他要想办法在监狱中找个内应，来个里应外合，这样既稳妥又省力。"

大头参谋长着急地问："他会找谁做内应呢？"

"你们还记得吧，歪嘴抢走财政局长的钱时，曾说了句'这笔钱还要花在和平城'。看来他是想用重金收买监狱中的人，我当时就问过小胡子将军，监狱中谁爱钱如命。"爱克斯探长用手指了一下小胡子将军。

小胡子将军点点头说："问过。我告诉爱克斯探长，原来我手下有三个数学比较好的军官，除大头参谋长和炮兵团长之外，还有现在的狱警队长。你们都清楚，他不学好啊！他就喜欢钱。我曾委任他当过军需团长，可是他借职务之便，大量贪污公款，我一气之下把他放到监狱，让他当个狱警队长。"

眼镜局长插话道："他当狱警队长，还想尽一切办法压榨犯人的钱财。"

爱克斯探长接过话说："歪嘴摸准了狱警队长贪钱财的这个弱点，用重金收买了狱警队长。"

炮兵团长问："您是怎么想到去邮局查信的呢？"

"我估计歪嘴还不敢过早和狱警队长见面，只好通过密写书信的方式来制订阴谋计划。我去邮局一查，果然查到了这封信。"

　　炮兵团长又问："这信上写的究竟是什么?"

　　"这是他们制订的密谋劫狱的计划。"爱克斯探长指着信说，"信中说取回三只耗子，显然是指救出牢狱中的三个同伙。其他是用解算数学题的方式，把日期、派去劫狱的人数都隐藏在答案里了。"

　　大头参谋长说："歪嘴真够狡猾的。他知道狱警队长数学好，解题有两下子，来了封数学密信。我去把狱警队长抓来!"说完拔枪就走。

　　"站住!"爱克斯探长对大头参谋长干事欠考虑有些不满。停了一下又说，"你和炮兵团长先把信中的未知数算出来。"

　　炮兵团长皱着眉头说："a、b、c 是三个未知数，需要列出三个方程才行啊！可是只有一个方程 $\dfrac{1}{a}+\dfrac{2}{c}=\dfrac{3}{b}$，怎么办？"

爱克斯探长提醒说："你们应该把问题多看几遍，看看是不是把条件都用上啦？"

大头参谋长猛地一拍大腿说："咳！信中明明写着 a、b、c 是小于 9 的三个连续自然数嘛！如果设 a 为 x，b 就是 $x+1$，c 就是 $x+2$ 喽！"

眼镜局长也明白过来了，他说："表面是三个未知数，其实是一个未知数。"

爱克斯探长摇摇头说："如果是三个连续的自然数，一般不设成 x、$x+1$、$x+2$，而常常设为 $x-1$、x、$x+1$。这样设的好处是，把它们相加或相乘都比较方便。"

炮兵团长自告奋勇地说："我来算 a、b、c。设 b 为 x，那么 $a=x-1$，$c=x+1$。把 a、b、c 代入到方程 $\dfrac{1}{a}+\dfrac{2}{c}=\dfrac{3}{b}$，得

$$\frac{1}{x-1}+\frac{2}{x+1}=\frac{3}{x},$$

通分，得 $\qquad \dfrac{x+1+2x-2}{(x-1)(x+1)}=\dfrac{3}{x},$

$$\frac{3x-1}{x^2-1}=\frac{3}{x},$$

$$3x^2-x=3x^2-3,$$

$$\therefore \quad x=3。$$

这样 $a = 3 - 1 = 2$，$b = 3$，$c = 3 + 1 = 4$。"

爱克斯探长提醒说："解这种分母含有未知数的方程时，应该把解出来的根代入原方程检验一下，看看会不会使分母得零。使原方程分母得零的根没有意义，要舍去。"

炮兵团长把 $x = 3$ 代入 $\dfrac{1}{x-1} + \dfrac{2}{x+1} = \dfrac{3}{x}$ 的分母中检查，分母都不为零。他说："没错，就是这三个数。"

小胡子将军捋了一下胡子说："嗯，歪嘴想在 2 月 3 日凌晨 4 点钟去劫狱。你们再算算他带几个人去劫狱。"

大头参谋长抢先一步说："这次由我来算。公安局长，你知道狱中有多少犯人，有几名狱警吗？"

眼镜局长说："有 120 名犯人，20 名狱警。"

"好，"大头参谋长开始计算，"设歪嘴带去 x 人。他信中说，他带的人数和狱警人数、犯人人数的平均数恰好是 50。这样就可以列出方程：

$$\frac{x + 20 + 120}{3} = 50,$$

$$x + 140 = 150,$$

$$\therefore \quad x = 10 \text{（人）}。$$

啊！歪嘴只带 10 人去劫狱。"

小胡子将军问："下一步怎么办？"

爱克斯探长倒背着双手踱了几步，说："我自有安排。"

爱克斯探长把炮兵团长叫到跟前，小声嘀咕了几句，把炮兵团长乐得一蹦老高。大家惊奇地问："你怎么啦?"

将 计 就 计

爱克斯探长对小胡子将军说："我们对歪嘴暴力集团的情况了解得还不多，为了把他们一网打尽，必须将计就计。"

小胡子将军问："怎么个将计就计?"

爱克斯探长说："从歪嘴的信中可以知道，歪嘴和狱警队长并没有见过面。可以让炮兵团长装扮成狱警队长，按照歪嘴信中约定的时间去和他接头。"

小胡子将军点点头说："很好!请说下去。"

"让炮兵团长把歪嘴一伙引进咱们事先布置好的埋伏圈，一举抓获。"爱克斯探长扭头对炮兵团长说，"你有胆量去完成这个任务吗?"

没等炮兵团长回答，大头参谋长抢着说："我有胆量，探长先生让我去吧!"

爱克斯探长摇摇头，惋惜地说："我相信你是有胆量的，可惜你的脑袋太大，又近距离跟踪过歪嘴，你会引起他的怀疑。"

炮兵团长两只鞋后跟用力一磕，向爱克斯探长行了个举手礼，然后庄重地说："请爱克斯探长放心，我不完成任务，不回来见您。"

爱克斯探长又和炮兵团长仔细研究了对付歪嘴的各种方案。

2月3日凌晨3点多钟，天黑糊糊的，一钩弯月斜挂在天幕之上，快乐旅店的外面万籁俱寂。一条黑影，动作敏捷得像个猴子，三蹿两跳就到了旅店门口。他先向四周看了看，又轻轻地拍了三下门。

门"吱呀"一声开了一道缝儿，门里面说了声"进来。"黑影刚闪身进了门，突然一支手枪的乌黑枪口顶住了来人的胸膛。原来，黑影就是炮兵团长，拿枪的正是歪嘴。

歪嘴满脸杀气地逼问："我是你的哥哥，但是你不是我的弟弟，你是我的什么人？"

"快说！"炮兵团长回头一看，门后面还埋伏着几个匪徒，几支短枪也都对着他。

炮兵团长十分镇定，他用暗语来回答他的联系暗号："我是你的妹妹呀！"

歪嘴冷笑了一声说："听说阁下数学很好，我想请教两个问题。"

"请便！"炮兵团长满不在乎地说。

歪嘴说："现在我心里正想着一个数。这个数加上它的 $\frac{1}{2}$，再加上它的 $\frac{1}{3}$，正好比这个数多1。请问，我想的这个数是几呀？"说完歪嘴两只眼直勾勾地盯着炮兵团长。

炮兵团长略微想了想说："你想的这个数是$\frac{6}{5}$。"

一个矮个子匪徒走近说："我来验算一下，看你做得对不对。$\frac{6}{5}$的$\frac{1}{2}$是$\frac{3}{5}$，$\frac{6}{5}$的$\frac{1}{3}$是$\frac{2}{5}$。$\frac{6}{5}+\frac{3}{5}+\frac{2}{5}=1\frac{6}{5}=\frac{6}{5}+1$，对！这个数是$\frac{6}{5}$。"

"你不是蒙的吧？说说你的算法！"歪嘴紧追不放。

"嘿嘿，想要知道算法嘛，"炮兵团长一伸手说，"拿钱来！"

"要钱？说个解题方法也要钱。给你！"歪嘴从口袋里掏出一大沓钞票，"啪"的一声拍到炮兵团长的手掌里。

炮兵团长一看见钱，立刻眉开眼笑。他说："设你所想的数为x，这个数的$\frac{1}{2}$就是$\frac{x}{2}$，这个数的$\frac{1}{3}$就是$\frac{x}{3}$，这三个数的和等于$x+1$。可以列出方程：

$$x+\frac{x}{2}+\frac{x}{3}=x+1,$$

整理
$$\frac{6+3+2}{6}x=x+1,$$

$$\frac{6+3+2}{6}x-x=1,$$

$$\frac{5}{6}x=1,$$

$$x = \frac{6}{5}。$$

这就得出了你想的数是 $\frac{6}{5}$。"

"嗯!"歪嘴点了点头,手枪的枪口离炮兵团长的胸口稍远了点。

"现在我心里想着两个数,"歪嘴开始出第二个问题,"这两个数的和是3,这两个数的比也是3。你说说这次我想的两个数各是几呀?"

炮兵团长立刻答出了这两个数:"一个是 $\frac{9}{4}$,另一个是 $\frac{3}{4}$。"

"说说你的算法。"歪嘴收起了手枪,态度缓和多了。他把右手伸进口袋，待炮兵团长伸出手要钱时，又是一沓钞票拍到了炮兵团长的手掌里。

炮兵团长看着钱乐呵呵地说："够朋友！设你想的两个数为 x 和 y。由这两个数的和是3，可以得到 $x + y = 3$；再由这两个数的比是3，可得 $x : y = 3$，即 $x = 3y$。

把 $x = 3y$ 代入 $x + y = 3$ 中，得 $3y + y = 3$，$y = \dfrac{3}{4}$；再由 $x = 3y$，得 $x = \dfrac{9}{4}$。"

歪嘴握着炮兵团长的手高兴地说："暗号接对了，数学很棒，又爱财如命，没错！你就是我的朋友——狱警队长。哈哈！"他这一笑，嘴更歪了，样子显得更加丑陋。

其他匪徒也把枪收起来了，客气地说："里面请！里面请！"

炮兵团长和匪徒们走进一间大屋子，分宾主坐定。炮兵团长用眼睛一扫，除歪嘴外，屋里还有10名匪徒，一个也不少。

歪嘴问："狱警队长先生，离劫狱时间不到一个小时了，你安排得怎么样啦？"

炮兵团长坐在椅子上，跷着二郎腿，仰面朝天，嘴吸着香烟，还不停地向空中吐着一口口白烟。他慢腾腾地说："一切都安排好了，不过……"

歪嘴问："不过什么呀？"

炮兵团长把手一伸说："事成之后，你给我多少钱哪？"这一句话激怒了在座的匪徒，他们站起来，七嘴八舌地嚷开了：

"这小子张嘴就是钱，他是从钱眼里钻出来的!"

"没他照样劫狱，把他干掉算啦!"

歪嘴把双眼一瞪，凶狠地说："少废话，没你们的事! 再多嘴我枪毙了你们!"转脸又笑嘻嘻地对炮兵团长说，"我从财政局长那儿弄来一大笔钱，足够你花的，你说个数吧!"

炮兵团长晃悠着右腿，漫不经心地说："我要价不高。"

"多少?"

炮兵团长又向空中吐了一口白烟，说："多少? 我来说你来猜。我要的钱数，加上我要钱数的四分之一，再加上 30 万元，所得的和恰好 2 倍于我要钱数的四分之三。"

歪嘴嘿嘿的一阵冷笑，说："你难不倒我。设你要的钱为 x 元。你要的钱数，加上你要钱数的四分之一，再外加 30 万元。用代数式来表示，就是 $x + \dfrac{x}{4} + 300000$，这笔钱恰好 2 倍于你要钱数的四分之三，可以列出方程：

$$x + \frac{x}{4} + 300000 = 2 \times \frac{3}{4}x,$$

两边同乘以 4，得 $5x + 1200000 = 6x$，

解得 $x = 1200000$（元）。"

"120 万元! 天哪! 我没有那么多钱。"歪嘴表示无可奈何。

炮兵团长笑嘻嘻地说："你不用骗我。你从财政局长那儿弄

到了 139.5 万元，对不对？"

歪嘴瞪大眼睛说："你只给我剩下十几万元，这怎么成呢？"

"不成就算了，我要走啦！"炮兵团长把半截香烟丢在地上，用脚狠狠地一踩，站起来就走。

几个匪徒"刷"的一声亮出来短枪，喝道："往哪里走！"

歪嘴一摆手，说："把枪收回去！在客人面前成何体统。狱警队长先生请别见怪，不过，你的胃口可真不小啊！行，我同意事成之后，给你 120 万元。时间不早了，咱们走吧。"

炮兵团长又把手一伸说："先给 60 万元作为定金。"

"好！"歪嘴咬了咬牙，从大口袋里数出 60 万元交给了炮兵团长。

炮兵团长把钱数了两遍，放进背包里，然后一招手说了声："跟我走！"一行人出了快乐旅店，消失在夜幕之中……

匪首漏网

炮兵团长领着歪嘴和 10 名匪徒，在夜幕的掩护下，直奔监狱方向跑去。

突然，炮兵团长趴在地上一动也不动，歪嘴和匪徒们也赶紧趴下不敢动。一阵皮靴声由远及近，只见 3 名巡逻兵端着冲锋枪从不远的地方走过。看见 3 名巡逻兵走远了，炮兵团长爬起来继续快步前进。

"停步！"歪嘴突然叫住了炮兵团长，他看着手腕上的夜光表说，"时间还早，咱们在这儿歇一会儿，再研究一下劫狱方案。"说完又做了个手势。4 名匪徒往东南西北四个方向放哨去了，余下的人围成个圆圈坐下来。

歪嘴对炮兵团长说："听说小胡子将军手下有三个数学好的军官，一个是大头参谋长，一个是炮兵团长，再一个就是狱警队长阁下您喽。"

炮兵团长点点头说："是这样的。"他心里想，歪嘴，你又要要什么花招？

歪嘴又说："你们三个人当中，据说你的数学水平最高，大头参谋长其次，炮兵团长最差。有些人干脆把炮兵团长叫大笨蛋，你说对吧？"

炮兵团长一听，心里这个气呀！怎么，说我是个大笨蛋？炮兵团长真想掏出枪把他打死，但是为了完成任务，也只好满脸不高兴地点点头，嘴里"嗯"了一声。

歪嘴一本正经地说："有人说炮兵团长是个大笨蛋，是有根据的。听说有一次他看见一个小孩在看书，他问小孩：'你看的这本书还挺厚，有多少页呀？'小孩回答：'我第一天只读了40页，从第二天起，每天读的页数都比前一天多5页，我最后一天读了70页。你说我这本书一共有多少页呀？'嘿！你猜怎么着，这位炮兵团长竟没有算出来，叫一个小孩子给考住了。哈哈……"他觉得笑声太大，赶紧用手捂住自己的歪嘴。

炮兵团长心想，这是哪儿的事呀？纯粹是胡编乱造！

歪嘴停住了笑，对炮兵团长说："不过，像这样简单的问题，如果让狱警队长您来算，那就不算什么啦！"

不等炮兵团长答话，周围的匪徒七嘴八舌地说："那就请狱警队长给算算吧！"

直到这时，炮兵团长才醒悟过来，这是歪嘴在继续考验自己。炮兵团长笑了笑说："这道题容易，我来给你们做做。可以先把小孩读完这本书的天数求出来。"

一个匪徒说："问的是书有多少页，你求天数干什么？"

炮兵团长解释说："求天数比求页数好求，另外，有了天数，页数也就容易求了。"

歪嘴恶狠狠地盯了问话的匪徒一眼，对炮兵团长说："你算你的，甭理他！"

炮兵团长继续说："最后一天读了70页，第一天读了40页。70 – 40 = 30，这30是最后一天比第一天多读的页数。"

又一个匪徒插话道："用30除以后一天比前一天多读的页数5，得6。这说明可以用6天读完喽。"

炮兵团长摇摇头说："不对。用30除以5之后，应该再加上1，一共需要7天读完才对。"

歪嘴皮笑肉不笑地问："往下该怎么算哪？"

炮兵团长一下子给问住了。是呀！往下可怎么算呢？他站起来拍了拍裤子上的土说："算啦，天都快亮了，咱们赶紧去劫狱吧。把三个弟兄救出来，我再给你们算。"

歪嘴嘿嘿地笑着说："来得及，既然弟兄们请你把这道题做完，我看你就做完了再去吧。"

炮兵团长一看这架势，知道不做是不成了。只好又坐下来说："往下做还不容易。从第一天到第七天，每天读书的页数依次是：

40、45、50、55、60、65、70

然后把这七个数加起来不就成了嘛！"

歪嘴撇了撇嘴说："人家都说狱警队长聪明，我想计算这几个数相加，一定有又快又好的计算方法。"

　　但是炮兵团长真的不会别的算法呀！这时炮兵团长记起了爱克斯探长的嘱咐：歪嘴是个老奸巨猾的家伙，他不会轻易相信你的，他会随时随地考查你的。可是自己只准备如何解方程了，对于各种计算题的算法却没有认真准备。

　　歪嘴看炮兵团长实在做不出来，就站起来说："咱们该行动了。"在东面放哨的匪徒跑来报告："第二分队全部到齐。"在西面放哨的匪徒也跑来报告："第三分队全部到齐。"

　　"啊！"炮兵团长心中一惊。炮兵团长问歪嘴说："你给我的信中只说带 10 个弟兄去劫狱，怎么又出了第二分队和第三分队呢？"

　　歪嘴说："人多点不是更好吗？你已经安排狱警们都睡觉去了，门口只留下一个你的心腹。你带着这 10 个弟兄先冲进去，把监狱大门打开，然后守住狱警宿舍的门。我带着第二、第三分队的弟兄跟进去救人。"

　　炮兵团长问："那我们一共有多少弟兄呢？"

　　歪嘴看了炮兵团长一眼说："第二分队和第三分队人数的比是 2：3，你带的人数和两个分队人数差的比是 5：4。具体多少人，你自己算算吧！你赶快带人走吧。"

　　"好吧！"炮兵团长拔出了手枪说了声，"弟兄们跟我走！"然后一猫腰直奔监狱大门跑去，10 名匪徒成一字形紧紧跟上。

　　到了监狱门口，炮兵团长趴在地上，看见只有一名士兵守卫着大门。炮兵团长心想，我要尽快地把匪徒确切人数算出来。

炮兵团长开始心算：由于第二分队和第三分队人数的比是 $2:3$，可以设第二分队为 $2x$ 人，则第三分队为 $3x$ 人。由我带的人数与两分队人数差的比为 $5:4$，可列出方程：

$$10:(3x-2x)=5:4,$$

即

$$10:x=5:4,$$

$$5x=40,$$

$$\therefore \quad x=8（人）。$$

这样第二分队有 16 人，第三分队有 24 人。

"啊！歪嘴还有 40 人哪！"炮兵团长有点发愣。一名匪徒催促炮兵团长说："你快点发联络暗号吧！"炮兵团长轻轻拍了三下掌，守门人也轻轻拍了三下掌，表示一切顺利。接着守门的士兵打开了监狱大门，炮兵团长领着 10 名匪徒飞快地冲进了大门。

"不许动！""把枪放下！"几十支枪同时指向冲进监狱的匪徒，众匪徒不知所措地举起了手。这时爱克斯探长从后面走了出来，紧紧握住炮兵团长的手说："团长先生，干得不错嘛！"

匪徒们个个傻了眼，炮兵团长擦了把头上的汗说："探长先生，歪嘴带的不是 10 名匪徒，而是 50 名！"

"噢？你是怎么知道的？"

炮兵团长就把歪嘴如何考验他，以及他有一道题没有做好原原本本地讲了一遍。

爱克斯探长摇了摇头说："坏了，让他跑了！"

"谁跑了？"

"歪嘴一个人跑了！"

"不对！歪嘴还带着 40 名匪徒哪！"

"他骗你哪！他只带了这 10 名匪徒。"

　　炮兵团长不信，他揪出那两个当哨兵的匪徒问："你们不是报告说第二、第三分队来了吗？"

　　两个匪徒低着头小声说："哪有第二、第三分队？这都是歪嘴事先布置好，叫我们骗你的。"

　　"啊？这是怎么回事？"炮兵团长糊涂了。

　　爱克斯探长叹了口气说："唉！问题就出在那道题上呀。"

巧捉歪嘴

　　匪首歪嘴在劫狱的途中一个人溜掉了，假扮成狱警队长的炮兵团长直到这时还蒙在鼓里。

　　爱克斯探长对炮兵团长解释说："歪嘴为人十分狡猾，由于他没见过狱警队长，对你究竟是不是狱警队长，他一直是怀疑的。"

　　炮兵团长点点头说："对！他还编造了一个小孩看书的故事，骂我是笨蛋，看我生气不生气。"

　　炮兵团长又说："歪嘴说把 40、45、50、55、60、65、70 加起来，有一种又快又好的算法，我怎么也不会算。"

　　"破绽就出在这种算法上！"

　　"说说看，究竟是什么原因？"

　　爱克斯探长说："在你去快乐旅店的同时，我们把狱警队长逮捕了。从他床下的皮箱中，搜出了歪嘴给他的几封信。从信里知道，狱警队长早已掌握了求这样几个数之和的简便方法。这次他又问你一道类似的题，可是你不会，他就肯定你不是真的狱警队长了。"

　　炮兵团长问："歪嘴说的那个又快又准的算法究竟怎样做呀？"

　　爱克斯探长说："很简单。你只要把这几个数按从小到大排列相加一次，再按从大到小排列相加一次，我来具体给你做做吧。"说着就动手做了起来，设这个和为 S。

$$S = 40 + 45 + 50 + 55 + 60 + 65 + 70$$

$$+\quad S = 70 + 65 + 60 + 55 + 50 + 45 + 40$$

$$2S = 110 + 110 + 110 + 110 + 110 + 110 + 110$$

$$2S = 7 \times 110$$

$$\therefore \quad S = \frac{7 \times 110}{2} = 7 \times 55 = 385。$$

炮兵团长又问："他既然知道我不是真的狱警队长，为什么不开枪打死我，然后带着 10 名匪徒逃跑呢？"

爱克斯探长说："你既然是假扮的狱警队长，他就知道上了当了，已经落进了咱们的圈套。他如果把你打死带众匪徒逃走，咱们埋伏的人一出来，恐怕连他自己也逃不掉。为了保全他自己的性命，他就把 10 名匪徒送进咱们'嘴'里，把咱们稳住，他好逃跑。"

炮兵团长一跺脚，说："歪嘴真狠毒！不过，让他溜走了，这可留下了一条祸根呀！"

爱克斯探长吸了口烟，慢腾腾地说："歪嘴跑不了！他逃得了第一关，可逃不了第二关。"

炮兵团长高兴地说："噢，还有一关哪！这第二关又是什么？"

"你想啊！歪嘴抢来的钱被你弄回来一半多，歪嘴手下的 10 名匪徒也被咱们捉住了。现在他只剩下逃命这一条路啦！"

"对！他只有逃命啦。那……咱们的第二道关怎样设呢？"炮兵团长急于问个究竟。

爱克斯探长并不急于回答炮兵团长的问题，他说："你马上赶回驻军司令部，打印 150 份通缉令，天亮之前在东、西、北三个城区张贴，但是南区不许张贴。"

"是!"炮兵团长行了个举手礼，立即去司令部了。

第二天一早，东、西、北三个区的居民，三人一堆、五人一伙在看通缉令。

通 缉 令

匪首歪嘴在逃。此人中等身材，年纪在四十岁左右，秃顶，身体健壮，嘴向右歪，常戴一个大口罩，说话有点漏风。望全体居民帮助缉拿。

城防司令官

小胡子将军

一个用围巾捂着嘴的人，在通缉令前站了一下，又向四周看了看，掉头就走。他见东、西、北三个城区都贴着通缉令，就沿着正南的大道，混在人群当中，出了南门。

此人正是歪嘴，他现在的心情很复杂：懊悔自己上了爱克斯探长的当，人没有救出来，反而又贴了 10 个弟兄。又庆幸自己逃出了城，哼! 留得青山在，不怕没柴烧! 咱们走着瞧吧。歪嘴还担心半路上再遇到埋伏，心中忐忑不安。

出南门没走多远，迎面是一条大河，一座大桥横跨在河上。歪嘴刚想迈步上桥，啊！桥上有十几名士兵在检查过桥的行人。看来桥是过不了啦。

歪嘴沿着河边走，希望能找到一条船。真是天无绝人之路，一条渔船停在河边。歪嘴快步走了过去，大声问："船上有人吗？"歪嘴一连叫了好几声，才从船舱里走出一个戴着大斗笠的老渔夫。渔夫左手拿着酒壶，右手拿着一条烤鱼，不耐烦地说："嚷什么？"

歪嘴把捂嘴的围巾又围了围，客气地说："我想过河，请帮帮忙。"

渔夫仰脖喝了一口酒说："过河有桥，找我干什么？"

"我……一辈子没坐过船，想坐船过河。"歪嘴说着从口袋里拿出一大把钞票递给了渔夫。

渔夫看见钱眼睛一亮，赶紧把钱接过来数了一遍，高兴地说："嘿，钱还真不少。你上船吧！"

歪嘴上了船，见船上没别人，才放了心。渔夫开动机器，渔船向对岸驶去。渔船开起来还挺快！

渔船没开出多远，一阵刺耳的警笛声突然响了起来。歪嘴习惯地摸了一下手枪问："什么声音？"

"巡逻艇。"

"能追上咱们吗?"

渔夫漫不经心地说:"你盯住后面,我开快一点。"歪嘴亮出手枪,对准后面追来的巡逻艇,渔船飞快地开了起来。

歪嘴不放心地问:"巡逻艇到底能不能追上咱们?"

渔夫回头看了一眼说:"现在这两条船相距4公里,我知道渔船和巡逻艇速度的比是3:4,我还知道如果渔船坏了,停下不动,巡逻艇用2分30秒就可以追上咱们,你算算巡逻艇要多长时间可以追上。"

歪嘴赶紧算了起来:设渔船的速度为每秒$3x$公里,则巡逻艇的速度为每秒$4x$公里。

两船相距4公里,巡逻艇用2分30秒可以跑完4公里,可以列出方程:

$$4x \times 150 = 4,$$

$$x = \frac{1}{150}。$$

两船速度差为$4x - 3x = x$(公里/秒),设巡逻艇追上渔船的时间t,

$$t = \frac{4}{\frac{1}{150}} = 600(秒) = 10(分)。$$

"啊!只用10分钟就可以追上!"歪嘴正在发愣,一支冰凉乌黑的手枪枪口对准了歪嘴的后心。"不许动!把枪放下!"渔夫把斗笠、胡子摘掉。歪嘴回头一看，渔夫不见了，站在他后面的是大头参谋长，歪嘴乖乖地举起了手。

巡逻艇加快速度追了上来。爱克斯探长站在艇上对歪嘴说："你已安全到达了目的地，请上巡逻艇吧！"

歪嘴上了巡逻艇，走进舱里，看见偷霹雳火箭炮的、放火烧汽油库的、抢冲锋枪的以及劫狱的 10 个同伙，一个不少的都在舱内。

爱克斯探长登上渔船，叫大头参谋长和炮兵团长把他送到对岸，因为有新的侦破任务在等待着他。

"再见，爱克斯探长！"小胡子将军向站在渔船上的爱克斯探长招手。

"再见，小胡子将军！"

渔船向对岸驶去……

爱克斯探长和 π 司令

敲 诈 司 令

著名的大侦探——爱克斯探长，1983 年在和平城帮助小胡子将军一连破了几桩大案，一晃好多年过去了，探长一直没露面。他干什么去了？研究数学。爱克斯探长本人是位数学家，侦破案件只不过是他的业余爱好。

和平城过了几年平静的生活，最近又出大事了。一个国际暴力组织钻进了这座城市，这个暴力组织专门从事贩毒、绑架、凶杀等犯罪活动。他们发现和平城由于长年相安无事，治安管理很松，是个理想的避风港，就把暴力组织的总部搬进了城里，和平城从此失去了和平！

前几天，和平城城防司令小胡子将军的儿子突然失踪，大家到处寻找都不见踪迹，小胡子将军急得要死。忽然，他接到一封匿名信，信上写道：

尊敬的小胡子将军：

　　贵公子在我们的严密保护之下。3 天内只要你交出 abcde 元钱，我们定将贵公子送还。否则，后果自负。

　　　　　　　　　　　　　　　　驻和平城司令官

　　　　　　　　　　　　　　　　　　　　π

　　小胡子将军的胡子向上一翘，"啪"地拍了一下桌子："岂有此理，这群坏蛋竟敲诈到我的头上啦！传我的命令，开紧急军事会议。"

不一会儿，大头参谋长、炮兵团长、公安局的眼镜局长相继来到司令部，军事会议开始了。大家传看了这封匿名信后，开始议论。

眼镜局长摇了摇头，又扶了一下眼镜说："驻和平城的司令官历来是小胡子将军，这里怎么冒出个 π 司令来？"

"π 是什么数？π 是无理数。他自称 π 司令，也就承认是不讲道理的司令，这不是坏蛋又会是谁？"大头参谋长发表了自己的见解。

炮兵团长着急地说："救出司令的儿子是当务之急，咱们赶紧把钱数算出来吧！"

"这 $abcde$ 元是多少呢？"大头参谋长把信纸翻过来，看到后面还有几行字：

$1abcde \times 3 = abcde1$；

交钱地点：和平城第某条大街某号。其中大街的序数和下面问题中乞丐数相同；门牌号和我每天发出的钱数（单位为分）相同。

我很有钱，在穷人城时许多乞丐向我乞讨，我每天拿出一定数目的钱施舍给他们。如果我给每个乞丐 7 分钱，还剩 24 分；要是给每个乞丐 9 分钱，就差 32 分。

眼镜局长看过这几行字后说："我会算钱数。我用推算的方法来算：由于 a、b、c、d、e 都是整数，可以先从 $1abcde$ 的最右边一位考虑。$e \times 3$ 的个位数为 1，可以肯定 $e=7$，因为除了 7 别的整数都做不到这一点。"

小胡子将军点点头说："公安局长说得有理，快往下算！"

"好的。"眼镜局长显得有些激动，他接着说："$e=7$，由 $1abcd7 \times 3 = abcd71$ 可推出 $d=5$。同样道理可知 $c=8$，$b=2$，$a=4$。我算出来啦！他要敲诈咱们司令 42857 元钱。"

小胡子将军站起来拍了拍眼镜局长的肩头说："很好。局长的数学大有进步！"

炮兵团长却说："算倒是算对了，只是算得笨。"

眼镜局长不服气，他说："我算得笨？你给我来个巧的！"

"我设 $abcde$ 为爱克斯。"炮兵团长在桌子上写了一个很大的 x。

"啊，爱克斯探长，那位伟大的数学家，那位出色的大侦探，我的老朋友！"小胡子将军一听到"爱克斯"三个字，就想起了爱克斯探长，立刻激动不已。

炮兵团长继续往下算："$1abcde = 100000 + x$，而 $abcde1 = 10x + 1$。根据信纸上所说的条件，可列出方程：

$$3(100000 + x) = 10x + 1。$$

展开整理，得

$$300000 + 3x = 10x + 1,$$

$$7x = 299999, \qquad x = 42857。$$

只解一个方程就全算出来了。"

眼镜局长点了点头说:"嗯,还是用方程解简单。你能把交钱的地点也用方程解出来吗?"

"这个容易。"炮兵团长信心十足地说,"设有 x 个乞丐,$7x + 24$ 等于坏蛋每天拿出的钱数,而 $9x - 32$ 也等于他每天拿出的钱数,这两个钱数相等,可列出方程:

$$7x + 24 = 9x - 32,$$

$$2x = 56, \qquad x = 28。$$

$$7 \times 28 + 24 = 220。$$

共有 28 名乞丐,他每天拿出 220 分钱给乞丐。"

眼镜局长双手一拍说:"好极啦!交钱地点也算出来了,在第 28 条大街 220 号。咱们马上行动,把他们一网打尽!"

小胡子将军此时却十分冷静,他一言不发,来回踱着方步。突然他停住脚步,摆摆手说:"这个外号叫 π 的人是国际暴力组织的头头。他绑架我儿子绝不会单单为了要走 4 万多元钱,恐怕这后面还会有更大的阴谋。"

眼镜局长忙问:"咱们应该怎么办?"

"必须把爱克斯探长请来。只有他才有足够的智力斗垮这个暴力组织。参谋长,立即去请爱克斯探长!"

"是!"大头参谋长答应一声,立即出发。没过多久,大头参谋长就把爱克斯探长请来了。爱克斯探长听完情况介绍后笑笑说:"我要亲自和这位 π 司令较量一下。"

咖啡馆里

早晨正是上班的时间。在和平城第28条大街上,人们都在急匆匆地走着,只有一个人与众不同。他中等个头,身穿一件蓝色风衣,戴着一副变色镜,头戴一顶软帽,口中叼着一个大号的烟斗,看年纪大约有50多岁。他一个人在大街上悠然自得地走着,边走边吸烟,好像在遛弯儿。当走到220号时,他推门进去了。

220号是一家咖啡店,喝咖啡的人寥寥无几。叼烟斗的人找到一个空位子坐下,要了一杯咖啡。他不急于喝,而是逐个观察喝咖啡的顾客。看完了顾客又观察店里的服务员和店主,之后,他微微一笑,端起杯子走到一个高个子青年身旁坐了下来。

这个50多岁叼烟斗的人正是爱克斯探长。爱克斯探长慢悠悠地对高个青年说:"你们 π 司令要的钱我带来了,小胡子将军的公子呢?"

高个青年吃了一惊:"您在说什么呀?什么钱哪,人哪,我听不懂!"

爱克斯探长微微一笑说:"这你可瞒不了我,你这儿有标记。"说完用手指了一下高个青年的手臂，原来他手臂上刺着一把战刀。

"你是战刀支队的，武艺准不错。"爱克斯探长吸了一口烟，"你们 π 司令领导着四个支队，战刀支队专搞武斗，假面支队负责外交，毒蛇支队管暗杀、绑架，鼹鼠支队是一群'梁上君子'，是偷窃、搞情报的好手。"

高个子青年吃惊地看着爱克斯探长，掏出一张纸条，放到爱克斯探长的面前，说了声："不见不散!"起身走了。只见一个脑袋很大的顾客跟着他走了出去。这个大脑袋顾客不是别人，正是大头参谋长，他负责跟踪高个子青年。

爱克斯探长见纸条上写着：

用边长为 12 厘米的正方形，叠一个无盖纸盒。下面画了 4 张图，从中选出一个容积最大的，按它的尺寸叠成纸盒，把钱放进纸盒里。

送钱人拿着纸盒，按约定时间把钱送到 10 路汽车终点站，一手交钱一手交人。送钱人明天上午8点钟骑自行车，从10路汽车起点站出发。这时恰有一辆10路车返回起点站，在去终点站的路上，要遇到10辆迎面开来的10路汽车，到达终点时又有一辆10路车开出，这时恰好是约定时间，记住过时不候。

10路汽车运行十分准时，每隔5分钟从起点和终点站对开出两辆车，全程要走15分钟。

"纸条上写的什么？"炮兵团长和眼镜局长走了过来，原来他俩也在这里装作喝咖啡。炮兵团长说："问题好解决，把图中4个长方体的体积算出来就行了。长方体体积等于底面积乘高，底面积都是正方形。这4个盒子的容积依次为 $10 \times 10 \times 1 = 100$、$8 \times 8 \times 2 = 128$、$6 \times 6 \times 3 = 108$、$4 \times 4 \times 4 = 64$。显然是B盒容积大。"

爱克斯探长点点头说："正确。第二个问题呢？"

"这个题目太长，不知道从哪儿下手啊！"炮兵团长用手一个劲儿地摸脑袋。

爱克斯探长伸出一个手指头问："15分钟可以走完全程，在起点站遇到的10路车是多少分钟前从终点站发出来的？"

"当然是15分钟前喽！"

爱克斯探长又伸出一个手指头问："按纸条上的条件，送钱人从起点站到终点站总共要遇到多少辆车？送钱人从起点站骑车出发，这时第几辆车同时从终点站开出？"

"总共遇到12辆10路汽车。嗯……5分钟开出一辆车，应该是第4辆车开出终点站。"炮兵团长像小学生一样在回答。

爱克斯探长点点头，伸出了第三个手指头："送钱人路上所用时间，恰好等于第4辆到第12辆车发出的时间，$5 \times 8 = 40$分钟。你如果把这个问题分成3步来解决，就容易多了。"

"对。"炮兵团长自告奋勇地说，"我去送钱，您同意吗?"

"很好。你按B盒尺寸做好盒子，8点40分准时赶到10路车终点站，不见到公子，不能给他们钱盒。一定要保证孩子的安全!"爱克斯探长又让公安局长配合炮兵团长行动。

爱克斯探长走出咖啡馆，独自一人向前走去。走了一段，见到前面围着一大群人，还不断叫好。爱克斯探长踮着脚向里面一看，吃了一惊。只见大头参谋长和他跟踪的高个子青年正在中间打斗。

高个子青年是战刀支队的重要成员，武功十分了得，拳击、徒手搏斗、使刀耍棒样样精通。大头参谋长行伍出身，身体特棒，拳击、摔跤、武术全都在行。这两个打在一起，拳来脚去处处见功夫。行人不明真相，以为两个人在此卖艺，都站脚助威。

时间一长，高个青年显得有些体力不济，大头参谋长趁他喘息之时，一头向他撞去。大头参谋长的头功非常厉害，这一头正撞在高个青年的胸口上，把他撞出数米远，跟跟跄跄地差一点摔倒在地。观众一阵叫好。高个青年目露凶光，他偷偷地解下围在腰上的刀子，准备下毒手。此时，大头参谋长正得意扬扬，一低头又朝高个青年胸前撞去，高个青年举刀对准大头参谋长的大头。在这万分危急的时刻，只见已进入场中的爱克斯探长将手中的烟斗一扬……

互 设 陷 阱

　　大头参谋长在和高个子青年的搏斗中占了上风。他低头正准备朝高个子青年撞去，高个青年把刀子对准了他的头……在这万分紧急的时刻，爱克斯探长把手中的烟斗一扬，一团正燃烧的烟丝正好落在高个青年的手上，烫得高个青年"哎哟"直叫，"当啷"一声把刀子扔在了地上。说时迟那时快，大头参谋长的头就到了。"砰"的一声撞到高个青年的胸上，"扑通"高个青年摔倒在地。他顾不得胸口疼痛，捡起刀子撒腿就跑。大头参谋长哪肯轻易放过他，喊了声："你往哪里跑!"飞身追了上去。

爱克斯探长在烟斗里重新添上烟丝，用打火机点燃，猛吸一口，又悠然自得地沿街散步。

第二天上午，10 路汽车终点站，有许多人在排队等车。8 点40 分刚到，只见一个人骑着自行车赶到，此人正是炮兵团长。他从口袋里掏出一个纸盒，纸盒里装满了钱。他拿着这个纸盒在车站里来回走动，许多人惊奇地看着他。

半天没人理他，炮兵团长忍不住喊道："一手交钱，一手交人。"车站上的人都用惊奇的眼神看着他，以为他是个疯子。这时一位老人拄着拐杖走了过来，颤颤巍巍地说："有个小伙子让我交给你一张纸条。"

炮兵团长问："这个小伙子长得什么样?"

老人回答："中等个儿，浓眉大眼，长得挺帅气。人也挺大方，我给你送张纸条，就给了我 50 元钱。"说着老人拿出一张纸条交给炮兵团长。

只见纸条上写着："顺着 10 路汽车终点站往回走，在第一个车站的电线杆上贴有一张黄色的寻人启事，按启事上说的接头。"

炮兵团长掉头就走，飞快地赶到了 10 路汽车第一站，在车站旁的电线杆上果然有一张黄色的寻人启事：

前天，我儿子在这里等车。有一个中等个子、浓眉大眼，挺帅气的青年约我儿子到一个非常好玩的地方去。我儿子从这里一直向正东走，先用每分钟50米的速度走2分钟后，觉得用这样的速度走要比约定时间晚到8分钟。他改用每分钟60米的速度前进，结果早到了5分钟。谁料想，我儿子进去以后，再也没出来。

我儿子曾来过一封信，信中说好玩的地方门口挂着一个铁盒子，如果能把一个合适的纸盒放进去，就会听到他的声音。

谁能帮我找到儿子，必有重赏！

小胡子将军

"啪!"炮兵团长朝电线杆子猛击了一掌。

"欺人太甚! 竟用寻人启事戏弄小胡子将军。"炮兵团长冷静了一下，他想：必须把这个地方找到，救出小胡子将军的儿子。看来，不计算是不成的。

炮兵团长善于使用方程。他先设从电线杆到好玩的地方的距离为 x。只有找到等量关系才能列出一个等式，得到方程，炮兵团长想了一下，决定用约定的时间作为列等式的依据。用每分钟50米的速度前进，如果少走 $50 \times 8 = 400$（米）的话，他能按时赶到。约定时间应为：

$$\frac{x - 50 \times 8}{50}$$

99

走了2分钟后，路程剩下$(x-50\times2)$米，此时用每分钟60米速度前进，如果多走$60\times5=300$（米）的话，也能按时赶到。约定时间应为：

$$\frac{(x-50\times2)+60\times5}{60}+2$$

由于约定时间为同一个，所以列出方程：

$$\frac{x-50\times8}{50}=\frac{(x-50\times2)+60\times5}{60}+2,$$

化简得 $\dfrac{x-400}{50}=\dfrac{x+200}{60}+2,$

$6x-2400=5x+1000+600,$

$x=4000$（米）。

炮兵团长拿出微型无线电话向爱克斯探长汇报。爱克斯探长指示立即去寻找那个"好玩的地方"。

炮兵团长骑着自行车一直往正东走，估计走了4000米时，放慢了速度，边走边寻找。他左顾右盼，终于在一座高楼的地下室门口看到了一个铁盒。炮兵团长急忙把手中的纸盒放了进去，嘿，不大不小正合适。

突然，从地下室传出了孩子的叫声："快来救救我！快来救救我！"炮兵团长一愣，心想这一定是小胡子将军的儿子的声音。他大喊道："孩子别着急，我来救你！"说完"当"的一脚踢开了地下室的门冲了进去。里面窗户都用黑布遮着，暗得很。炮兵团长下意识地拔出手枪，边向前摸索边问："孩子，孩子，你在哪儿？"他听到前面又有人喊："快来救救我！快来救救我！"炮兵团长走到一个窗前一把扯下了黑布，屋里哪有什么孩子，只见一台收录机不断发出呼救的声音。

炮兵团长一拍大腿："上当啦！"

在炮兵团长跑进地下室的同时，门口的铁盒顺着一根铁丝向楼上升去，当升到 12 楼时，从窗户伸出一只手，迅速地将纸盒拿了进去。一个中等个子、浓眉大眼的帅气小伙子看到盒里的钱非常高兴。当他得意地往下翻时，发现下面全是一捆一捆的白纸，他失声叫道："啊，上当啦！"

下面传来喊话声："12 层的朋友，你已经被包围了，赶快投降吧！"

这个帅气的小伙子向下一看，下面全是武装警察，公安局长正拿着喇叭向上喊话呢！

小伙子不服地向下大声喊叫："我能出去，你们别想抓住我！可是关在地下室的那个人，怕是活不了多久啦！哈哈……"

"啊！"公安局长吃了一惊。

"鼹鼠"在哪儿

一辆黑色汽车飞速赶到，大头参谋长押着他跟踪的那个青年下了汽车，爱克斯探长依旧坐在汽车里。

大头参谋长递给那个青年一架望远镜说："螳螂，你看看12楼那个人是谁呀？"

原来这个高个青年外号叫"螳螂"。他长得又瘦又高，外形像螳螂。另外，据说他会打一手漂亮的螳螂拳，所以得到这个外号。

"螳螂"用望远镜一看，说："那个帅气小伙儿是我们的 π 司令。"

"是他！"大头参谋长把大嘴一咧说，"哈！整个楼被我们包围了，你们的 π 司令跑不了啦！"

"螳螂"把嘴一撇说，"想抓住他？哼，能抓住我们 π 司令的人，恐怕还没生出来呢！"

地下室突然冒出了火舌，炮兵团长在地下室大喊："救命！"他的呼喊声和收录机里放出来的小胡子儿子的呼救声此起彼伏，使人惊心动魄。

大家冲了上去想把炮兵团长救出来，无奈门打不开，窗上都有铁棍，这可怎么办？爱克斯探长走下汽车，听到炮兵团长在用力砸门，他找到一扇离门最远的窗户，从警察身上摘下一颗手榴弹，照着窗户扔去，"轰隆"一声，铁棍被炸断了好几根。大头参谋长从炸坏的窗户钻了进去，把炮兵团长救了出来。

眼镜局长问"螳螂"："你们把小胡子将军的公子藏到哪儿去啦？"

"骗走孩子，把孩子藏起来，那是鼹鼠支队干的事。我们长刀支队哪里知道？""螳螂"满不在乎地说，"你们或者去找鼹鼠支队头头，或者把 π 司令抓到，反正我是不知道孩子在哪儿！"

爱克斯探长走近"螳螂"，用力吸了一口烟问："鼹鼠支队在哪儿，你不会不知道吧？"

"螳螂"深知爱克斯探长烟斗的厉害，赶紧说："我没去过鼹鼠支队，不过我知道地址。"说着他在地上画了9个圆圈，又用线段把它们连接上。

"螳螂"指着图说："这9个圆圈表示和平城市中心的9幢高楼。这里面包含着3个小等腰三角形 $\triangle ACD$、$\triangle BEF$、$\triangle DEG$

和 4 个大三角形△*AGB*、△*CEH*、△*DFI* 和△*GHI*。在这 7 个三角形中，藏着 7 个独立支队。每个支队的总人数相等。"

大头参谋长不耐烦地说："鼹鼠支队的头头在哪幢楼里？快说呀！"

"螳螂"为难地说："具体在哪儿我也不清楚，反正在这 9 幢楼里分别藏有 1 至 9 个人。鼹鼠支队的头头就藏在住着 6 个人的楼里。"

大头参谋长把眼一瞪，对"螳螂"喊道："你是成心耍弄我们是不是？这么多楼叫我们怎么找呀？"

"螳螂"也不示弱："不会找你们就别想找到鼹鼠支队头头。"

4	9	2
3	5	7
8	1	6

爱克斯探长走过来看了看地上的图，然后在图的旁边画了个 3×3 的方格，在方格中填上 1 到 9 这九个自然数。

爱克斯探长指着方格说："这个图是中国古代著名的九宫图。这个图的特点是，横着的 3 个数相加、竖着的 3 个数相加、沿两条对角线的 3 个数相加，其和都得 15。"

"九宫图，有意思。"大头参谋长很感兴趣。

爱克斯探长微笑着说："我就要用这个九宫图来揭开 9 幢楼之谜。我把横着看的 3 组数 4、9、2；3、5、7；8、1、6 分别填进△*BEF*、△*ACD*、△*GHI* 的顶点，不过在填的时候，还要照顾到其他 3 个大三角形的顶点，使它们恰好是竖着看的 3 组数：4、

3、8；9、5、1；2、7、6。最后位于中心
的小三角形顶点，恰好是一条对角线上的
数4、5、6。这样一来，7个三角形顶点上
数字之和全都等于15。"说完他就把数字
迅速填进圆圈中。接着他又盯着"螳螂"

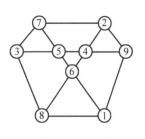

说："你好狡猾啊！我知道，满足你说的条件的填法可不止这一
种，鼹鼠支队头头可能经常转移，但是我已经作好了准备，先在
这幢楼里下手。抓不到再找下一幢楼。"

　　"好，鼹鼠支队头头现在可能在正中间这幢楼里。咱们快去，
给它来个连窝端。"大头参谋长有些按捺不住内心的激动。

　　爱克斯探长分配任务："公安局长与炮兵团长带领警察部队，
冲进这座楼捉拿 π 司令！我和大头参谋长带领一排士兵去围剿鼹
鼠支队，救出小胡子将军的公子!"

　　大头参谋长押着"螳螂"钻进汽车，爱克斯探长也坐进汽
车。汽车直奔市中心驶去，十几辆挎斗摩托车一字排开紧跟其
后，摩托车上坐的是全副武装的士兵。

　　话分两头，先说公安局长围剿 π 司令。他派 50 名警察把楼
团团围住，又组织 4 队警察，每队 10 人由 4 个楼口冲进去直奔 12
楼，警察分头行动。炮兵团长和公安局长进了 2 号门，发现有电
梯，二人乘电梯直扑 12 楼，找到了 π 司令所在的房间。二人迅
速掏出手枪，悄悄靠近门，突然从屋里传出阵阵的吉他声，接着

是男低音的歌声：

亲爱的朋友你来猜，世界上的大笨蛋有几个？它等于一分之一加上二分之一，加上四分之一，加上七分之一，加上十四分之一，加上二十八分之一。

炮兵团长回头对公安局长说："这歌声还真奇怪，莫非是个暗号。你算算有几个大笨蛋。"

"好的。"公安局长列了个算式：

$$\frac{1}{1} + \frac{1}{2} + \frac{1}{4} + \frac{1}{7} + \frac{1}{14} + \frac{1}{28} = 2。$$

公安局长扶了一下眼镜说："结果等于2。"

"啊！2个大笨蛋，这分明指的是你和我嘛！真可气，冲进去！"炮兵团长拉开门就往里冲。

"轰"的一声，一枚炸弹在门口爆炸了，炮兵团长大喊一声："没命啦！"

秘 密 通 道

炮兵团长用力一拉门，一枚炸弹爆炸，幸亏眼镜局长眼明手快，迅速把炮兵团长按倒在地，才没有受到伤害。两人趁硝烟未散，快速冲进屋里。

"不许动！举起手来！"两个人举着枪在屋里转了一圈儿，连个人影都没看见。一阵急促的脚步声从楼梯上传来，警察也赶到了，他们把屋里上上下下搜了个遍，哪里有 π 司令。

公安局长用鼻子使劲闻了两下，炮兵团长问："你闻到什么啦？"

"毒品海洛因的气味。"公安局长说着从烟缸里拿出半支还在燃烧的香烟，他用鼻子闻了闻说："π 司令刚刚还在这里吸毒，他没走远。"

炮兵团长认真思考了一下说："这么说，这屋里有暗道或夹壁墙了。大家认真搜一下，看看墙壁和地板有没有问题。"

警察们又敲墙壁又跺地板，折腾了好一阵，还是什么也没发现。炮兵团长无意中看了一眼挂在墙上的钟，钟是停止不走的，时针和分针正好重合。钟的下方写着一行很小的字：

开，顺拨 $32\frac{8}{11}$ 分。

炮兵团长指着钟问："眼镜局长，钟下方写的那行小字，是什么意思？"

公安局长走近几步，把眼镜向上扶了扶认真看了看，他伸手把钟罩打开，摇摇头说："显然不是指打开钟罩这件事。我来拨拨分针看。"

"慢！"炮兵团长急忙拦住，"如果随意去拨，弄不好又会有炸弹爆炸!"

"你的意思呢?"

炮兵团长十分谨慎地说:"还是先算算,看看顺拨 $32\frac{8}{11}$ 分把分针拨到什么位置。我估计是拨到时针和分针在一条直线上。"

公安局长出了个好主意,他说:"为了计算方便,你不妨先假设把分针拨成与时针位于同一条直线,算一算要拨过多少分,如果算出来恰好是 $32\frac{8}{11}$ 分,你的估计就对啦!"

"说得对!"炮兵团长动手计算,"假设时针和分针成一条直线,需要顺拨 x 分。这时分针在表盘上转过了 x 分的刻度。时针和分针的关系是,分针转动 60 分,时针转动 1 小时,即时针在表盘上转过了 5 分钟的刻度。现在分针转动了 x 分，时针转动 $\dfrac{x}{12}$ 分。

两针成一条直线，相差 30 分，可列方程：

$$x - \frac{x}{12} = 30, \quad x = 32\frac{8}{11}。$$

哈，对啦！就是拨成一条直线。"

炮兵团长小心翼翼地把分针拨成与时针位于同一条直线，钟内发出一阵悦耳的音乐声，接着"哗啦"一声，屋顶露出一个大洞，从洞口下来一副软梯。

"啊呀！"炮兵团长一跺脚，"我只考虑墙和地面会不会有机关暗道，没想到秘密藏在屋顶上！"

公安局长一招手说："上！"警察顺着软梯爬上了屋顶，上面是个大平台。见到一个人坐在平台的石凳上看书。警察把枪对准这个人，喊道："不许动，把手举起来！"此人不理，仍旧坐在那儿看书，一个警察跑了过去，用手去推这个人。

"不能推，小心炸弹！"炮兵团长大声疾呼，可是晚了一步，这个人身子一歪，"轰隆"一声，一颗炸弹爆炸了。这个警察还算训练有素，赶紧趴在地上，但身上已负伤多处，好在没有生命危险。公安局长叫人把受伤的警察抬下去急救。

炮兵团长走近石凳，发现石凳上写有字：

炮兵团长、公安局长阁下：

你们用重兵把楼围了个严严实实，但是我还是走了。追我并不难，只要数学好就成。我是沿着一条秘密通道离开这座楼的。通道的位置从石凳开始向西数 x 块方砖。这 x 是我口袋里的金币数。这些金币取出一半外加 1 枚给小胡子将军，把口袋中剩下金币的一半外加 1 枚给公安局长，再把口袋中剩下的一半外加 3 枚给炮兵团长，我口袋里的钱就都被你们分光了。

有能耐的，就来追我！

π 司令

"太可恨！把我们 3 个看成要小钱的了！我非抓住他不可。"炮兵团长在本子上边写边说，"设他口袋里有 x 枚金币。给小胡子将军 $\frac{x}{2}+1$ 枚，口袋里剩下 $x-\left(\frac{x}{2}+1\right)=\frac{x}{2}-1$ 枚；给公安局长 $\frac{\frac{x}{2}-1}{2}+1=\frac{x}{4}+\frac{1}{2}$（枚），口袋里剩下 $\left(\frac{x}{2}-1\right)-\left(\frac{x}{4}+\frac{1}{2}\right)=\frac{x}{4}$ $-\frac{3}{2}$（枚）；给我 $\frac{\frac{x}{4}-\frac{3}{2}}{2}+3=\frac{x}{8}+\frac{9}{4}$（枚），剩下 0 枚。可得方程

$$\left(\frac{x}{4}-\frac{3}{2}\right)-\left(\frac{x}{8}+\frac{9}{4}\right)=0,$$

$$\frac{x}{8}-\frac{15}{4}=0, \quad x=30 \text{（枚）。}$$

算出来啦！他口袋里有 30 枚金币。"

公安局长摇摇头说："我说炮兵团长，就算用方程解题是你的拿手好戏，你也不能什么题都用方程来解呀！这道题非常容易解。"

炮兵团长一愣，说："你有什么简便解法？"

"用反推法呀！"公安局长说，"最后给你一半外加 3 枚就把全部分完，这说明实际分给你 6 枚；分给我的是一半外加 1 枚，这时的一半就是 6 + 1 = 7（枚），他口袋里有 7 × 2 = 14（枚）；分给小胡子将军一半加 1 枚，这时的一半是 14 + 1 = 15（枚），他口袋里原有 15 × 2 = 30（枚）。"

"确实比我算得简单。应该向正西数 30 块方砖。1、2、3……"炮兵团长数完了 30 块方砖，发现前面有一个直通底层的通风道，炮兵团长往下一看，黑糊糊的，深不见底。

炮兵团长要找根绳子，顺着绳子下去。公安局长阻拦说："算了吧，下去十分危险！我们和这位 π 司令肯定还会见面的。"

打 开 铁 门

话说爱克斯探长与大头参谋长押着外号叫"螳螂"的匪徒，在十几辆挎斗摩托车的护送下，浩浩荡荡直向市中心驰去。

到达鼹鼠支队所在的大楼，大头参谋长先下令将大楼团团围

111

住，然后问爱克斯探长："搜查哪一层楼？"

爱克斯探长手往下一指："搜查地下室！"

"地下室？"大头参谋长用手一拍脑袋说，"噢，我明白了，鼹鼠是在地下活动的。一班跟我去搜查地下室。"8名士兵端着枪跟在大头参谋长后面直奔地下室。

地下室的大铁门紧紧关着，看来鼹鼠支队早有防备。大头参谋长用手敲了敲铁门，铁门很厚，想撞开或砸开是不容易的。怎么办？何不找看门人来问问。

看门老人说："住在地下室的这群人非常神秘，白天睡觉，晚上出来。开这扇铁门没见他们用钥匙，而是用手指在铁门上画个什么图，铁门就自动打开了。"

大头参谋长忙问："你没看见他们画的是什么图？"

看门老人拉着大头参谋长的手走近铁门，指着铁门上几个很不显眼的花纹说："这些图都在门上，至于他们每次画哪个我可不知道。他们当中有个外号叫'胖鼠'的小矮胖子告诉我，画的时候从一点出发，手不能离开铁门，画时不能有重复，一笔画回原来的出发点。"

"这儿有4个图形，可是画哪个不知道啊！"大头参谋长一个劲儿地挠脑袋，他一跺脚说，"干脆，我把每个图都画一遍试试。"

看门老人赶紧把大头参谋长抱住："使不得，使不得！'胖鼠'说过，如果画错了图，或者被电死，或者被冷枪打死，或者

112

脚下爆炸被炸死，这事可试验不得呀!"

大头参谋长两手一摊："没办法，只好请爱克斯探长来看看吧!"

爱克斯探长走近铁门仔细观看门上的 4 个图案，然后说："你别看第四个图案最复杂，只有它从 A 点出发，才能一笔画出来。"

大头参谋长不明白，忙问："这是什么道理呀?"

爱克斯探长指着图说："这些图都是由点和线组成的。一个图能不能一笔画出来，是由点的性质决定的。"

"这些点不都一样吗?"大头参谋长还是不明白。

"不一样。像第 1 个图中的 D、G、E 点，从每个点都引出两条线，把它们叫偶点；而第一个图中的 A、B、C、F 点都引出三条线，把它们叫奇点。当一个图中没奇点时，它可以一笔画出，并且从哪个点开始画，最后还会回到那个点；当图中有两个奇点时，也可以一笔画出，但是回不到出发的点了；当图中奇点个数多于 2 个时，不可能一笔画出。"爱克斯探长把道理讲了一遍。

看门老人提了一个问题："如果只有 1 个奇点会怎么样呢？"

"哈哈。"爱克斯探长笑着拍了拍看门老人，"您考虑得很周全，您要学数学一定能学好。1 个奇点的情况是不存在的。"

大头参谋长把 4 个图中奇点数都数了一下，说："它们的奇点数分别是 4 个、4 个、2 个和 0 个，只能画第 4 个图。"他从 A 点开始，用手指一笔又画回到 A 点。

只听"咯咯"一阵响，大铁门打开了。大头参谋长率先冲了进去，屋里有两名匪徒在看押小胡子将军的儿子。匪徒还没弄清怎么回事，忙问："你们是什么人？怎么进来的？"

大头参谋长平举起手枪，厉声喝道："我们是城防司令部的，举起手来，你们被捕了！"

两名匪徒听说是城防司令部的，立刻掏枪抵抗，与此同时一名匪徒按了一下墙上的红色电钮。大头参谋长一枪打倒了那名匪徒，另一名匪徒被两名士兵活捉了。就在他们搏斗的那一瞬间，小胡子将军的儿子尖叫一声，他脚下的地板突然开了一个口子，他顺着口子掉了下去。

"啊!"大头参谋长俯身想救,地板的口一下子又关上了。大头参谋长回头问爱克斯探长:"他掉下去了,怎么办?"

爱克斯探长一指刚刚捉到的匪徒,说:"问问他,他一定会知道。"

大头参谋长立刻审讯这名匪徒。匪徒说下面是个与地下污水相通的秘密水牢,人待在里面最多一天就要死亡。这可怎么办?大头参谋长急得团团转。

爱克斯探长叫人找来一根绳子和一根铁棍,他用手按了一下墙上的电钮,地板又开了一个口子。爱克斯探长赶紧用铁棍把口子顶上,大家往下面一看,小胡子将军的儿子正站在齐腰深的水里哭泣。大头参谋长用绳子拴住腰跳了下去,把孩子救了上来。

死 亡 宴 会

在城防司令部里，小胡子将军因儿子得救，设宴招待爱克斯探长，大家都来作陪。

公安局长十分兴奋，站起来说："我们救回司令的公子，也没给他们 42857 元的赎身费；我们打死了一个匪徒，活捉了两个；还差一点抓住匪首 π 司令。我们取得了决定性的胜利。"

爱克斯探长很平静地说："不，我们只是刚刚和他们接触，暴力集团的主力还没亮相哪！"

"报告！"一名士兵走了进来，把一个漂亮的礼品盒放到爱克斯探长面前说，"有一位绅士让我把这个礼品盒亲自交给您，祝贺您救出了司令的公子。"

爱克斯探长笑眯眯地说了声："谢谢！"然后端起盒子仔细地看了看，又认真地听了听。爱克斯探长拿出他那大号烟斗，点上一袋烟说："这么珍贵的礼物本人不敢独享，大家都来见识见识吧。"说完解开红绸带，刚一打开盒盖，一条"黑眉蝮蛇"蹿了出来，直奔爱克斯探长。探长早有准备，用手中的烟斗猛然一击，正好击中蛇的头部，把蛇打死了。这一切进行得如此迅速，把在座的人都看呆了。

爱克斯探长笑了笑说："这是毒蛇支队送给我的礼物，我想不会就这么一件吧。"说着，他从礼品盒里拿出一张很漂亮的请束，上面写着：

尊敬的爱克斯探长：

请您赴死亡宴会，地点仍在第 28 条大街 220 号，至于时间嘛，只好请您算一算啦。现在是下午 4 点，我在宴会厅里同时点亮了两支等长的蜡烛，其中一支 6 小时可以烧完，另一支 4 小时可以烧完。当一支蜡烛的长度是另一支 2 倍的时候，是死亡宴会开始的时刻。我们毒蛇支队的成员全部作陪，过时不候，早来也不受欢迎。

恭候

大驾光临

毒蛇

在座的几个人把这个请束传看了一遍。炮兵团长站起来说："这是个阴谋！他们设好圈套要置爱克斯探长于死地，我们不能自投罗网！"

"对，对，不能去参加这个死亡宴会！"公安局长也赞同炮兵团长的意见。小胡子将军坐在那儿一言不发。

爱克斯探长笑着对小胡子将军说："将军，您的意见呢？"

小胡子将军理了一下胡子："不去参加宴会表示我们胆怯，

不敢应战。这样做无疑是长了他们的志气,灭了我们的威风!"

爱克斯探长笑着吸了一口烟。

小胡子将军站起来说:"这也是消灭他们的绝好机会。不过我们在明处,他们在暗处,找他们可不容易呀!至于危险嘛……爱克斯探长会有办法对付他们的。"

爱克斯探长点点头说:"我完全同意将军的意见,不入虎穴,焉得虎子!我算算赴宴的具体时间:设所需时间为 x 小时。又设蜡烛的长度为 1,甲蜡烛每小时烧掉它长度的 $\frac{1}{6}$,x 小时烧掉 $\frac{x}{6}$,剩下 $1 - \frac{x}{6}$;乙蜡烛每小时烧掉它长度的 $\frac{1}{4}$,x 小时烧掉 $\frac{x}{4}$,剩下 $1 - \frac{x}{4}$。

经过 x 小时,甲的长度是乙的 2 倍,可列出方程:

$$1 - \frac{x}{6} = 2\left(1 - \frac{x}{4}\right),$$

$$\frac{6 - x}{6} = \frac{2(4 - x)}{4}, \quad x = 3。$$

需要 3 小时。4 加 3 等于 7,他们约我晚上 7 点去参加死亡宴会。很好,7 点正是吃晚饭的时候,我的肚子也该饿了。"

公安局长扶了一下眼镜说:"探长先生,太危险啦!我派几十名警察跟着您,以防万一。"

"几十名警察?那不把'毒蛇'都吓跑了!"爱克斯探长笑了笑说,"大头参谋长、炮兵团长,你们两个跟着我去赴宴就足够了。"

小胡子将军皱了一下眉头说："3 个人去少了点。"

爱克斯探长说："我审讯了被俘的两名匪徒，他们都说每个支队的人数不超过 5 个人，我们 3 人对付得了。"小胡子将军高兴地点了点头。然后爱克斯探长与大头参谋长、炮兵团长以及公安局长进行了详细研究，作了部署。

天渐渐黑了，在 6 点 58 分时，爱克斯探长叼着烟斗，只身出现在第 28 条大街上。时钟刚刚敲过 7 下，他推门走进 220 号咖啡馆。

正是吃晚饭的时间，屋里人很多。爱克斯探长用眼睛巡视了一下，径直向最里面的一张桌子走去。这是一张不大的圆桌，旁边有 5 把椅子，坐着 4 个老头，他们都留着胡子。桌上摆了许多菜，两根蜡烛一长一短。爱克斯探长一屁股就坐在空着的椅子上，4 个老头一齐把目光转向了他，目光中充满了惊奇和敌意。

"怎么，客人来了你们也不表示欢迎？我可是有正式请柬的。"爱克斯探长说着，掏出请柬放到了桌上。此时 4 个老头才如梦初醒，连忙站起来打招呼。

一个白胡子老头向门口看了看问："就一个人来的？"

爱克斯探长冷笑了一声，说："你们请柬上没说还请别人呀！"

白胡子老头点点头说："对，对，请探长先生入座，酒菜都上来了，咱们边吃边谈。"

爱克斯探长坐下，慢吞吞地问："既然是死亡宴会，就应该叫我死个明白。请问怎么个死法呀？"

白胡子老头一指桌上装有各种颜色酒的玻璃杯说："死神就藏在这些酒里！"

一 杯 毒 酒

白胡子老头把桌子上的酒杯围着两支蜡烛摆成了一个圆圈。爱克斯探长一数，有 13 杯酒，其中有红色酒、绿酒、黄酒、白酒，最引人注意的是由 3 种不同颜色构成的一杯鸡尾酒。

白胡子老头指着这些酒杯说："这 13 杯酒中有 12 杯酒有毒，只有一杯是无毒好酒。这杯无毒酒的位置是这样的：先把这杯鸡尾酒倒掉，然后顺时针方向数，隔一杯倒掉一杯，最后剩下的那杯就是无毒酒。"

爱克斯探长端起那杯鸡尾酒说："我开始倒啦!"

"慢!"白胡子老头赶快拦住说,"你不能真倒,你必须按我说的规则,直接拿起那杯无毒酒来,一次就得准确无误。给你1分钟考虑时间,拿对了算你有能耐,拿错了,死亡宴会胜利结束!"

爱克斯探长略微想了一下,从鸡尾酒那杯开始,顺时针数1、2、3⋯⋯数到第10杯酒,他端起这杯酒一饮而尽,然后把酒杯扣向下表示滴酒没剩,并且说:"好酒啊!好酒。"说完坐在椅子上继续抽烟斗,一副泰然自若的样子。

过了有3分钟的样子,爱克斯探长笑眯眯地问白胡子老头:"酒的毒性什么时候才能发作呀?"

白胡子老头涨红了脸说:"你喝的这杯是无毒酒,若是毒酒你早就命归西天啦!"

"真遗憾!就这么一杯无毒酒让我给蒙上啦!"爱克斯探长在一旁敲边鼓。

黑胡子老头坐不住了,站起来大声说道:"对,他很可能是蒙的,咱们再来一次,我去重新配酒。"

"慢!"爱克斯探长拦住了黑胡子老头,"开宴会嘛,要宾主共饮才对。这次你只配一杯毒酒,其余都是好酒,还按刚才的老规矩,我挑一杯好酒还敬给你们怎么样?"

黑胡子老头咬咬牙说:"就依你啦!"

过了好久,在黑胡子老头指挥下,服务人员陆续端上40杯酒，围着桌子摆了一大圈。黑胡子老头指着唯一的一杯鸡尾酒说："还是从这杯开始倒，隔一杯倒一杯，最后剩下的是那杯毒酒，请拿吧！"

爱克斯探长站起来问："我挑出一杯酒，你们哪位喝呀？"

"这个……"4个老头你看看我，我看看你，谁也不说话。

"哈哈。"爱克斯探长大笑两声说，"赫赫有名的毒蛇支队，连这点勇气都没有？"

一个留着花白胡子的老头说："40杯中只有1杯有毒，你选中的机会只有四十分之一，我来喝！"

"好样的！"爱克斯探长竖起了大拇指，然后他从装有鸡尾酒那杯开始，1、2、3……顺时针往下数，数到第16杯时停住了，端起这杯酒送到花白胡子面前说："我敬你这一杯。"

黑胡子老头见状脸色陡变，连张几下嘴想说什么，但是没说出声来，他这么一犹豫，花白胡子老头一仰脖子把这杯酒送进了肚子，没过1分钟，花白胡子老头一捂肚子，大叫一声，"扑通"跌倒在地上，两腿一蹬，没气啦！

爱克斯探长两手一拍："瞧！害人不成反害己。请问，死亡宴会的下一个节目是什么？"

白胡子老头"刷"的一声亮出了手枪，黑胡子老头拔出了明晃晃的匕首，而留黄胡子的老头则从口袋里掏出一根尼龙绳。白胡子老头"嘿嘿"一阵冷笑，对爱克斯探长说："这3种死法，你挑一种吧!"

　　爱克斯探长连连挥手说:"使不得,使不得。刚喝了一杯酒,菜还没来得及吃一口就要我的命,这不对呀!"

　　吃饭的人一看这阵势,纷纷夺门而逃,咖啡馆里一阵大乱。3个老头拿着凶器一步步逼近爱克斯探长。在这危急时刻,装作顾客的大头参谋长和炮兵团长扑了上来,一个用枪顶住了白胡子老头的后背,喝道:"把枪放下!"一个用枪对准黑胡子老头的太阳穴,命令他把匕首扔掉。

　　突然,躺在地上被"毒死"的花白胡子老头,从地上一跃而起,迅速掏出手枪顶住爱克斯探长的后腰,大声喊道:"把枪都放下,不然的话我就开枪打死这个老家伙!"

　　爱克斯探长猛吸了一口烟,问: "哎,你不是喝毒酒死了吗?"

　　"哼,我的伙伴怎么能毒死我呢?我是在做戏,傻瓜!把手举起来!"花白胡子老头用枪管使劲顶了一下爱克斯探长。

　　"好。我举手!"爱克斯探长双手举过头顶,而且胳膊伸得很直。只见他把右手烟斗一翻,一大块燃烧着的烟丝掉了下来,正好掉到了花白胡子老头拿枪的右手上,烫得他大叫一声,枪也掉在了地上。爱克斯探长回身用烟斗猛击花白胡子老头的头部,把他击倒,然后俯身把他的花白胡子摘了下来,说:"该露露你们的真面目了。"大头参谋长把其他3个人的胡子也都摘了下来,原来他们是 4 个青年人。

大头参谋长非要爱克斯探长讲讲，他为什么拿无毒酒能百拿百中。爱克斯探长深知大头参谋长的脾气，在桌子上写了一个公式：

$$2^k + m。$$

爱克斯探长解释说："把排成圆圈的杯子数写成尽量大的 2^k 形式，多余的是 m，那么最后剩下的杯子号必然是 $2m$。比如 13 个，$13 = 2^3 + 5$，最后剩下的必然是 $2 \times 5 = 10$ 号；如果是 40 个，$40 = 2^5 + 8$，最后剩下的必然是 $2 \times 8 = 16$ 号。"

大头参谋长高兴地说："妙!"

准 备 决 斗

在驻军司令部里，公安局长正掰着指头数着："π 司令的鼹鼠支队被我们消灭了，毒蛇支队也被我们连窝端了。现在还剩下战刀支队、假面支队和 π 司令本人了。"

大头参谋长插话说："我和战刀支队中外号叫'螳螂'的匪徒交过手,嘿,他还真有两下子!看来战刀支队不好对付。"

"假面支队从来没露过面,他们有些什么本事还搞不清楚。对假面支队要格外留神!"炮兵团长显得十分小心。

爱克斯探长吸了一口烟,踱了几步说："擒贼先擒王,咱们还是要重点盯住那个 π 司令。"

大头参谋长站起来,着急地说:"π 司令上次溜走以后,再也没有音讯,和平城这么大,咱们上哪儿找他去呢?"

爱克斯探长笑了笑说:"不要你去找他,他自然会来找你的。别忘了,这是一群亡命之徒!"爱克斯探长话声未落,一名士兵跑来报告说,有一名绅士要求见小胡子将军。

"绅士?"小胡子将军愣了一下,然后挥挥手说,"请他进来。"

只见一个身穿高级西装,戴着金框变色镜的青年人跟着士兵走了进来。他很有礼貌地向小胡子将军点了点头,微笑着说:"我是假面支队队长,π 司令派我来和将军谈判。"

"谈判?"小胡子将军两眼一瞪问,"你不知道我们正在搜捕你们吗?你怎么敢自己送上门来?"

假面支队队长微笑着说:"两国交兵不斩来使。我想将军阁下不会干出这种不仗义的事。再说,我也是来者不善,善者不来。"说完他把西服上衣"啪"的一下打开,大家一看,不禁倒吸了一口凉气，只见他身上捆满了炸药。

假面支队队长哈哈大笑，他说："我身上全是烈性炸药，一旦我把它引爆，这个司令部就要从和平城的地图上抹掉了。"

爱克斯探长笑了笑说："年轻人，不要动肝火，把你要谈的条件说出来，咱们研究研究。"

假面支队队长点点头说："这还差不多。我是奉 π 司令之命和小胡子将军谈判决斗的事宜。"

"决斗？"小胡子将军站了起来，往前走了两步问，"咱们是一对一的单打独斗呢，还是拉开队伍打一场阵地战？"

假面支队队长耸耸肩，说："和你们正规军打阵地战？我们可不愿意拿鸡蛋往石头上撞！"

小胡子将军伸出一个手指头，问："要单打独斗？"

"不，不。"假面支队队长摇摇头说，"单打独斗，我们出来一个你们抓一个，我们可不那么傻！"

小胡子将军气得小胡子往上一撅，厉声问道："那怎么个决斗法？"

假面支队队长笑了笑说："你们人多，我们人少，你们在明处，我们在暗处，咱们就利用这些特点进行决斗。看，这就是第一场决斗。"说完，他抖开一张大纸，只见大纸上写着：

明天上午 9 点，在距市中心正东 m 米处，和炮兵团长决斗。

不到就算自己认输！

炮兵团长听说假面支队点名和自己决斗，立刻挤到前面大声问："怎么着？要和我决斗，我正巴不得呢！上哪儿斗去？这 m 是多少？"

"莫着急嘛！"假面支队队长从口袋里掏出 5 张硬纸片摊在桌子上，上面分别写着 0、1、4、7、9 五个数字。他指着卡片说："从这 5 张卡片中取出 4 张，可以排成许多个四位数。把这些四位数中只能被 3 整除的数挑出来按照从小到大的顺序排列，第三个数就是 m。"说完假面支队队长朝大家一招手，说了一声"炮兵团长，可别不敢去呀！"转身就走了。

小胡子将军站起来说："好厉害的年轻人！"

炮兵团长气得脸色通红，拿起 5 张卡片说："我来算算 m 等于多少，明天让他们知道知道我的厉害！"

"四位数首位不能是 0，最小的一个四位数是 1047，第二个是 1049……"炮兵团长刚说到这儿，被爱克斯探长打断了。

爱克斯探长问："1049 能被 3 整除吗？"

"这个……"炮兵团长想了一下说，"不能。因为 $0+1+4+9=14$，不是 3 的倍数，因此不能被 3 整除。看来，我只能先考虑由 0、1、4、7 组成的四位数了。"他依照从小到大的次序写出：

1047、1074、1407……

127

炮兵团长指着 1407 说："*m* 就是它！"

第二天上午 8 点 59 分。距市中心正东 1407 米处是个小花园，花园里游人还不少。炮兵团长披挂整齐，身着崭新的黄绿色上校服，腰里带着手枪，左侧挎着战刀，迈着整齐的军人步伐走进了公园。对如此杀气腾腾的"游园者"，大家都侧目相望。

炮兵团长看了一下手表，大声叫道："时间到了，决斗者快出来！"话声未落，只见一个黄澄澄的东西直奔他的胸前飞来，他躲闪不及，正中左胸，一时黄汤四溅，炮兵团长低头一看，原来是一个熟透了的大柿子，自己崭新的军装上到处都是柿子汁。

"呀！"炮兵团长气愤至极，掏出手枪大喊，"有胆量的，你站出来！"又一个柿子朝他面部打来，他一低头正巧把帽子给打掉了。

这次炮兵团长看清楚了，朝他扔柿子的不是别人，正是假面支队队长。

假面支队队长掉头就跑，炮兵团长大喊："好小子，你往哪里跑！"边喊边快速追了上去。

蜡 像 馆 里

假面支队队长在前面跑，炮兵团长提着手枪在后面追。

假面支队队长三拐两拐就没影儿了。炮兵团长见前面有个蜡像馆，心想他准躲进馆里去了。炮兵团长侧身进了蜡像馆。蜡像馆有好几间陈列室，古今中外的名人蜡像一个个栩栩如生。

"假面支队队长会不会装作蜡像？"炮兵团长格外小心地一个蜡像一个蜡像地仔细查看。突然，他发现假面支队队长就站在蜡像之中。

"好小子，我看你往哪儿跑！"炮兵团长蹿上两步，用枪顶住假面支队队长的胸口。假面支队队长一动也不动，怎么回事？仔细一看，哟，这个假面支队队长竟是一个蜡人！炮兵团长知道上了当，气恼地要去砸蜡像，突然觉得后腰上被一支硬邦邦的枪管顶住。

"哈哈。"假面支队队长在后面得意地说，"炮兵团长，认输了吧？第一场决斗结束了。"

"你要弄阴谋诡计，不算真本事。有能耐咱们枪对枪、刀对刀地干一场！"炮兵团长心里一百个不服气。

"我们假面支队从来不枪对枪、刀对刀地蛮干，总是以智取胜。听说你和大头参谋长的数学都不错，我来考考你。如果你答对了，我就一枪送你上西天，少受罪；如果你答错了呢，我三枪才结束你的性命，让你多受点罪。你看怎么样呀？"假面支队队长阴阳怪气地说了一通。

"军人从来就不怕死，军人也从来不认输。你出题吧！"炮兵团长想拖延时间，等待救兵。他提出一个要求，"不过，我要把身体转过去。"

"可以。"假面支队队长把炮兵团长的手枪给下了，指挥刀也抽走，又把他身上搜了一遍，确信没有问题了，说："你可以转过身来了。"

炮兵团长转身一看，站在身后拿着手枪的哪里是假面支队队长，是英国前首相"撒切尔夫人"。

"哈哈，认不出来了吧。我们假面支队的人都擅长化装，一人千面，变化无穷。"假面支队队长向后退了两步，他后面是英国另一位前首相丘吉尔的蜡像。

假面支队队长把手枪用食指挑着，在空中转了两圈说："从前有一位国王给他的 6 个儿子出了一道题，他许愿说谁能答对这道题，谁将来就继承他的王位。我用国王出的这道题考考你，行吗？"

"少废话，快说题！"炮兵团长很不耐烦。

"国王拿出一个小篮子说,如果我从装樱桃的小篮子里,先拿出 1 个给大王子,然后再把剩下的 $\frac{1}{7}$ 分给大王子;给二王子 2 个,再把剩下的 $\frac{1}{7}$ 分给二王子;给三王子 3 个,再把剩下的 $\frac{1}{7}$ 分给三王子。最后把余下的樱桃平均分成 3 份,分给四、五、六王子,结果 6 个王子分得的樱桃一样多。问小篮子里原来有多少个樱桃?"假面支队队长慢悠悠地把题目说完。

炮兵团长把脖子一梗说:"拿这么容易的题来考我? 我用试验法就可以做出来:由于最后 6 个王子分得的樱桃数一样多,因此篮子里的樱桃总数应该是 6 的倍数;又因为这个数减 1 之后可以被 7 整除。显然 6、12、18、24、30 这几个数虽是 6 的倍数,但都不行。36 有希望! $36-1=35$,35 是 7 的倍数,$35\div7=5$,$1+5=6$。给大王子 6 个;$36-6=30$,$30-2=28$,$28\div7=4$,$2+4=6$,给二王子 6 个;$36-6\times2=24$,$24-3=21$,$21\div7=3$,$3+3=6$,给三王子也是 6 个;$36-6\times3=18$,$18\div3=6$,说明四、五、六王子也各分得 6 个。算出来了,篮子里原有 36 个樱桃、对不对?"

"对是对了,只不过炮兵团长是爱克斯探长的得意门生,你应该用方程解才是正路子呀!"假面支队队长的用意很明显,他要炮兵团长再用方程解一遍。

"用方程来解,也费不了什么劲!"炮兵团长又算了起来,

"设篮子里原有樱桃数为 x 个。分给大王子 $1+\dfrac{x-1}{7}$ 个，占樱桃总数的 $\dfrac{1}{6}$，可列方程：

$$1+\frac{x-1}{7}=\frac{x}{6},$$

$$42+6(x-1)=7x,$$

$$x=36（个）。$$

算完了!"

　　假面支队队长低头看了一下表，说："你用了三分零一秒，超时一秒，我还是要打你三枪!"

　　炮兵团长一听就急了，他指着假面支队队长的鼻子喊道："你这个人怎么总搞阴谋诡计! 我用第一种算法，不到两分钟就把答案算出来了。你非要我用方程再算一遍不可，结果超时了，这能赖我吗?"

　　"哈哈……"假面支队队长大笑了几声说，"你还是傻! 我叫你用方程做，你就真做? 为了在三分钟内做完这道题，你完全可以不用方程去做嘛! 你自己傻就赖不了我喽! 还是吃我三颗子弹吧!"说完举起手枪瞄准炮兵团长就要开枪。说时迟，那时快，站在假面支队队长后面的"丘吉尔"突然活了，抓住他拿枪的手向上一抬，"叭、叭、叭"三枪全射向了空中。炮兵团长稍一迟疑，接着跑前几步，照着假面支队队长的肚子猛击一拳，这位队长"哼"了一声倒在地上。

炮兵团长心想，是谁化装成丘吉尔来救我的呢？

勇 斗 杀 手

在蜡像馆里假装成丘吉尔蜡像，救了炮兵团长的不是别人，正是爱克斯探长。

炮兵团长惊奇地问："探长，你怎么会事先知道假面支队队长会在这儿下毒手呢？"

爱克斯探长说："我昨天派人跟踪了这位队长，掌握了他的

133

活动计划。我将计就计在这儿装成了丘吉尔的蜡像，专等着他下手。"

"下一步怎么办？"炮兵团长用手铐把假面支队队长铐了起来。

爱克斯探长点起了烟斗，猛吸了一口说："虽说我们和暴力集团的四个支队都交过手，但是这位 π 司令却迟迟不肯露面。另外，这四个支队还残余多少人，我们也不知道，战斗还没有结束！"

炮兵团长指着假面支队队长说："这是一个重要线索，回去审问他，可以知道不少情况。"

爱克斯探长点了点头，两人押着假面支队队长走出蜡像馆，门口一辆警车正在等候，周围有许多看热闹的人。爱克斯探长抬头巡视了一下现场，他突然拉着炮兵团长喊了声："快蹲下！"两人刚刚蹲下，"叭、叭、叭"三发子弹，两发落空，一发正中假面支队队长的心脏，他当场毙命。

周围的群众一拥而上，和杀手展开了搏斗。杀手一身好功夫，三拳两脚就把群众打倒了好几个。

"嘿，这家伙还真有两下子！肯定是战刀支队的队员，看我的！"炮兵团长摘掉帽子，紧了紧武装带冲了上去。

杀手是个大块头，五大三粗，力气过人。他见炮兵团长冲过来，揪住炮兵团长的衣服来了个"背口袋"。这"背口袋"是摔跤的一招，很是厉害。杀手把炮兵团长背了过去，可是没摔倒。

他目露凶光，一招更比一招狠，可就是摔不倒炮兵团长。他哪里知道，炮兵团长是位摔跤高手，获得过和平城摔跤大赛的冠军。杀手连用几招，全没成功，气焰已消去一半。炮兵团长看准时机，一个抱腿摔，把杀手摔了个仰面朝天。待杀手刚刚爬起来，炮兵团长又一个扫堂腿，把他摔了个嘴啃泥。

"好！"众人齐声叫好。杀手很知趣，知道今天遇到了高手，干脆躺在地上不起来了。

炮兵团长指着杀手问道："谁派你来的？为什么要向我们开枪？"

杀手答："是 π 司令派我来的。他让我杀了你俩和假面支队队长。"

"为什么连同党也要杀？"

"π 司令说假面支队队长知道的事情太多，一旦落入你们手中太危险了。"

爱克斯探长摇了摇头说："杀人灭口！你怎么和 π 司令联系？"

杀手从口袋里掏出一封信："π 司令告诉我，完成任务后按信上说的与他联系。"

炮兵团长打开信一看，"嗯"了一声说："怎么回事？这封信是给爱克斯探长您的！"

爱克斯探长抬起头说："请念念。"

炮兵团长大声读道："爱克斯探长阁下：我想你正急着找我。

135

我派去的这名战刀支队队员绝对逃不出你的手心，他能杀死假面支队队长我就很满意了。你果然厉害，几场斗争你都取得胜利。看来咱俩的决斗不可避免了。"

"好!"爱克斯探长微笑着说，"π司令终于亲自出马啦! 接着念。"

"我正式邀请你，在 x 天后，上午9点在这个地方决斗。这 x 天的天气情况是：

（1）上午和下午共下了7次雨。

（2）如果下午下雨，上午必然晴天；如果上午下雨，下午必然晴天。

（3）有5个下午晴天。

（4）有6个上午晴天。

我相信你会赴约的，π司令。"炮兵团长摸着脑袋直勾勾地看着信说，"这个π司令玩的是什么花招？"

爱克斯探长笑了笑说："他无非想考考我。"

"他怎么知道今后几天的天气情况？"

"这是π司令为了考我瞎编的。"

"这 x 可怎么求呢？对了，我刚学会了一种用作图法解题的方法，让我试试看。"炮兵团长在地上画了两个相交的圆说，"这是两个相交的圆，画横线的圆是 A，它表示上午晴天；画竖线的圆是 B，它表示下午晴天。"

136

"那 C 呢?"

"C 既在 A 中又在 B 中,它应该表示……"炮兵团长摸了一下脑袋思索了一会儿说,"C 表示的是上午晴天而且下午也晴天,那就是全天晴天!"

"这里面怎么没有表示全天下雨的天气呀?"爱克斯探长问。

"第(2)条说,如果下午下雨,上午必然晴天;如果上午下雨,下午必然晴天,因此不会有全天下雨的天气。"

爱克斯探长又问:"你画了两个相交的圆有什么用途?"

炮兵团长解释说:"由(4)可知 A = 6,由(3)可知 B = 5,则 A + B = 6 + 5 = 11。由于 C 既在 A 中又在 B 中,所以在 A + B 中包含有 2 个 C。"

"第(1)条怎么用?"

"A − C 表示下午下雨,B − C 表示上午下雨,由(1)可知 (A − C) + (B − C) = 7,即 A + B − 2C = 7。"

爱克斯探长问:"那 x 怎么表示呢?"

炮兵团长想了一下说:"x 表示这两个相交的圆的和,由于 C 是重叠部分,必须从 A + B 中减去一个 C,这样 x = A + B − C。由 A + B = 11,A + B − 2C = 7,可得 2(A + B − C) = 11 + 7 = 18,A + B − C = 9。我算出来啦,9 天后决斗。"炮兵团长显得很兴奋。

"你的算法虽然比较新,但很麻烦。其实这道题用列方程式的方法非常简单。根据第(3)、(4)条可知，有$(x-5)$个上午下雨，有$(x-6)$个下午下雨。$x-5+x-6=7$，$x=9$。"爱克斯探长说完后，长长地出了一口气，"好了，我也要准备一下了。"

边走边斗

9天一晃即过，今天是爱克斯探长和π司令决斗的日子。上午8时30分，爱克斯探长准备只身去蜡像馆前与π司令决一死战。

小胡子将军很不放心，要派军队随爱克斯探长去，被拒绝；派大头参谋长和炮兵团长同去，也被拒绝。

小胡子将军把自己佩戴的手枪解下来，递给爱克斯探长说："你总该带件防身武器呀！"

爱克斯探长笑着摇摇头，举起手中的大烟斗说："有这个就足够了。"

大头参谋长着急地说："和 π 司令决斗可不是闹着玩的！你一个人去，让我们怎么放心？"

"放心吧！再见啦！"爱克斯探长向大家挥挥手就向外走去。突然，他又转过身来叮嘱道，"你们谁也别跟着我，都离我远点！别给我添麻烦。"

爱克斯探长刚刚出门，小胡子将军密令大头参谋长、炮兵团长和公安局长暗暗跟随爱克斯探长，以防不测。三个人换上便装，带好武器跟了出去。

爱克斯探长也不乘车，一个人慢慢悠悠地在路上走着，大头参谋长等三个人开着车在后面远远地跟着。突然，一辆白色豪华轿车从后面对准爱克斯探长直冲过去，吓得大头参谋长等三个人一齐掏出了手枪。

爱克斯探长猛地一转身，轿车戛然停住。从车上下来的不是别人，正是死对头 π 司令。π 司令身着白西装，脚穿白皮鞋，戴着一副变色镜，十分潇洒。

π 司令客气地对爱克斯探长说："探长先生，怎么步行？快上车咱俩一起去！"

"谢谢！"爱克斯探长笑着说，"我刚吃过早饭。饭后百步走，活到九十九。为了长寿，我还是自己走走吧！"

"那好，我也不勉强。过了今天上午，你一定会长寿的。" π

司令钻进车，冲爱克斯探长摆摆手说，"我到前面等您啦!"π司令一踩油门，汽车直冲爱克斯探长撞去，由于距离太近了，想躲是来不及的。在这千钧一发之际，只见爱克斯探长猛然跃起，双手揪住头顶上的树枝，像猴子一样腾空飞起，躲过车头，又一松手坐在了白色汽车的车顶上。这一切来得这样快，把大头参谋长和行人都看呆了。炮兵团长立刻把远距离窃听器对准白色汽车，只听爱克斯探长坐在汽车顶上对π司令说："司令，决斗提前开始啦? 现在离9点还差多少分钟?"

π司令回答："从6点到现在往回推110分钟，剩下的这段时间，恰好等于现在到9点这段时间的4倍。"

爱克斯探长略微想了一下说："现在是8点46分，还早!"

公安局长忙问："怎么算得这样快? 他是怎样算的?"

大头参谋长画了个图说："设从现在到9点还差 x 分钟。从6点到9点共180分钟，从现在往回推110分钟剩下的时间恰好等于 $4x$。可列出方程：

$$4x + 110 + x = 180,$$

$$5x = 70,$$

$x = 14$。

到9点还差14分钟，不就是8点46分嘛。"

π司令又说："探长先生，我这儿可有一支手枪。只要我的手向上一扬，子弹就能穿透车顶把您打死。"

爱克斯探长问："你的枪里有几颗子弹？"

"你要问我子弹数吗？那可是'天下无人敌'呀！"

"只有两颗子弹就想打死我？"

公安局长问："探长怎么知道枪里只有两颗子弹？"

炮兵团长说："π司令说天下无人敌，'天'字下面无'人'，那不是'二'嘛！"

公安局长连连点头说："对，对。"

忽听白色汽车里"砰"的一声枪响，把公安局长吓了一跳，他叫道："对探长开枪啦！"大家定睛一看，只见爱克斯探长悬在汽车的左侧，汽车顶上有一条链子挂在他的腰上。

公安局长惊奇地问："哪来的一条链子？"

大头参谋长解释说："前两天，探长叫我给他买一条铁链和一个能承受100千克重的强力吸盘。没想到探长这时候用上啦！"

炮兵团长说："爱克斯探长用9天时间做了认真准备，设想了许多作战方案。"

说话间，π司令摇下了窗玻璃，把手枪伸出来对准了爱克斯探长。距离是这样近，看来这次探长是难逃噩运了。忽听π司令

"哎哟"叫了一声,"当啷"一声手枪掉在了地上。原来,爱克斯探长的大烟斗准确无误地敲在他右手的穴位上,π司令右臂一麻,手枪就撒手掉了下来。

大头参谋长驾驶汽车拦住了这辆白色汽车,公安局长握住手枪对π司令说:"你被捕了!"

π司令从容地从车中走了出来,左手拿了一个按钮。按钮伸出一条很细的导线连到汽车里面。π司令说:"车里有200千克烈性炸药,你们说我按几下就会爆炸?"

公安局长摇摇头说:"我哪里知道你按几下!"

一股强烈的烟味传来,爱克斯探长在π司令身后说:"请把你按的次数乘0就可以了。"

π司令回头一看,爱克斯探长正用烟斗烧那根细导线哪!π司令刚想按,导线已被烧断了。π司令一跺脚:"唉!我彻底输啦!"

真假爱克斯探长

重返和平城

时针刚刚指向 8 点，小胡子将军准时来到"和平城驻军司令部"，大头参谋长早在办公室等着他了。

小胡子将军问："来这么早，有事吗?"

大头参谋长行了个军礼，说："报告司令，今天凌晨我接到爱克斯探长的电话，说他要来和平城办案。"

"办案?"小胡子将军眉头一皱说，"1992 年爱克斯探长来和平城粉碎了国际犯罪集团，消灭了战刀支队、假面支队、毒蛇支队和鼹鼠支队，逮捕了头头 π 司令。这次不请自来，为什么案呢?"

"我来办大宗毒品走私案。"说话间爱克斯探长走进了办

143

公室。

小胡子将军赶忙迎了上去，握住探长的手说："探长先生，好久不见，别来无恙!"

"还好，还好。国际刑警组织最近发现一个贩毒集团，他们将两大箱味精寄往和平城。"

大头参谋长说："他们一定是用毒品海洛因冒充味精!"

"不，不。"爱克斯探长伸出右手食指晃了晃，"表面看起来箱子里装的都是一袋袋味精，实际上有些袋里装的是味精，有些袋里装的是盐，有些袋里装的是毒品海洛因。"

小胡子将军问："两箱里海洛因所占的比例是多少?"

"据可靠的情报，每一箱都装有这 3 种东西。另外，（1）第一箱的袋数是第二箱袋数的 $\frac{2}{3}$；（2）第一箱中味精占 25%，第二箱中海洛因占 50%；（3）盐在第一箱中所占百分比是第二箱中所占百分比的两倍；（4）当两箱合在一起时，盐占 28%。毒品占多少需要计算呀!"爱克斯探长说完用眼睛盯住大头参谋长。

大头参谋长明白，爱克斯探长的意思是让他来算，在这紧要关头是不能退缩的，算!

他晃了晃又大又圆的脑袋说："这里面没有出现重量，只涉及比例。现在有 3 种东西，先求哪种好呢? 由于条件（3）和（4）都涉及盐，可以从盐下手。"

"有理!"爱克斯探长点了点头。

"根据条件(3),我设盐在第二箱中所占的百分比为x,这时盐在第一箱中所占百分比就是$2x$。"

爱克斯探长掏出他那个特大号烟斗,装满烟丝问:"往下呢?"

"由于是求比例,每箱中具体有多少袋并不重要。根据条件(1),不妨设第二箱有300袋,这时第一箱就有200袋。"

"嚓"的一声,爱克斯探长点着了烟丝,"第一箱真有200袋,第二箱真有300袋吗?"

"不,不。"大头参谋长解释说,"我是按$\dfrac{2}{3}$这个比例设的。至于两箱中具体有多少袋并不知道。"

"我设第一箱有20袋,第二箱30袋,行吗?"

"当然可以,你还可以设第一箱有2袋,第二箱有3袋,最后求出的比例都是相同的。不过这样设,会使运算中出现小数,算起来不方便。"

爱克斯探长猛吸了一口烟说:"请继续算。"

大头参谋长加快了解算速度:"这样一来,第二箱中有盐$300x$袋,而第一箱中有盐$200 \times 2x = 400x$袋。再根据条件(4)有

$$300x + 400x = (300 + 200) \times 28\%,$$

$$700x = 500 \times \dfrac{28}{100},$$

$$x = \frac{1}{5} = 20\% \text{。}"$$

小胡子将军赞许地说："好！只要把盐在第二箱中所占的比例算出来，就可以求出每箱中盐的袋数：

第一箱中有盐 $400x = 400 \times \dfrac{1}{5} = 80$（袋）；

第二箱中有盐 $300x = 300 \times \dfrac{1}{5} = 60$（袋）。"

爱克斯探长举了举手中的烟斗："别忘了，你要求的可是毒品所占的比例。"

"对的。"大头参谋长接过话茬说，"由条件（2）可知，第一箱中有味精 $200 \times 25\% = 50$（袋），这样可算出第一箱中毒品有 $200 - 80 - 50 = 70$（袋）；由条件（2），第二箱的毒品有 $300 \times \dfrac{1}{2} = 150$（袋）。这样，毒品占的比例是：

$$(70 + 150) \div (300 + 200) = \frac{220}{500} = 44\% \text{。}"$$

小胡子将军两眼一瞪说："哎呀，毒品占这么大比例，这还了得！我命令将这两箱东西押送到司令部来，我要亲自过目！"

"是！"大头参谋长亲自带一队士兵，直奔飞机场。

没过多会儿，大头参谋长把两箱东西取了回来。打开箱子一看，里面全是印有"味精"字样的口袋。

爱克斯探长从皮包里取出一副眼镜，递给小胡子将军，说："将军，您戴上这副特制的眼镜，就可以看到装有毒品的袋能发出绿光。"

小胡子将军戴上这副特制的眼镜，再看箱子里的口袋，果然，有的口袋发出绿光，有的口袋不发光。小胡子将军命令士兵把发绿光的口袋都挑了出来。

小胡子将军很高兴。他对爱克斯探长说："这些毒品如何处理？"

爱克斯探长说："在我的监督下，把毒品全部销毁！至于这些味精和盐嘛……对啦！前两次我来和平城办案，认识了超级市场的陈经理，我看把这些味精和盐送给他算啦！"

小胡子将军眼珠一转，点了点头。爱克斯探长立即给陈经理打了个电话。趁探长打电话的工夫，小胡子将军偷偷拿了两袋毒品放进自己口袋里。

没过一会儿，一个又矮又胖还秃顶的人来到了司令部，爱克斯探长介绍说这就是陈经理。把事情都办完后，爱克斯探长飞离了和平城。

小胡子将军从口袋里掏出两袋毒品，两眼直发愣，口中念念有词："两年不见，爱克斯探长好像变了一个人。"

发 现 毒 品

公安局的眼镜局长这两天非常烦躁，原因是和平城连续发现有人在贩毒。今天一大早，他在司令部召开紧急会议，研究毒品问题。

炮兵团长首先发言，他说："这次发现毒品，我看和爱克斯探长来和平城缉毒有关。"

大头参谋长满脸怒气地质问："难道你怀疑爱克斯探长在贩毒？"

炮兵团长把眼珠子往上一翻说："反正毒品不会从天上掉下来！"两个人你一句我一句地开始争吵。

小胡子将军却坐在那里一言不发，他右手的中指轻轻地敲击桌面，在思考着什么。

眼镜局长有点忍不住了，他用手扶了一下眼镜问："将军，爱克斯探长会不会搞错了？他错把盐和味精给销毁了，而把毒品留了下来！"

"这不可能！"大头参谋长抢过话茬说："爱克斯探长是国际一流大侦探，他怎么会把这么重要的事给弄错？"

眼镜局长摇摇头说："可惜呀，毒品全部被销毁了。如果能留下一袋，化验一下，一切都会真相大白！"

小胡子将军拉开抽屉，从中取出两袋印有"味精"字样的白色物，扔到桌子上："我怕一袋不够，留了两袋！"

"啊！"在场的人都十分惊讶，佩服小胡子将军的远见。

大头参谋长却如堕烟海，他问："将军，难道你也怀疑爱克斯探长贩毒？"

小胡子将军严肃地说："我不仅怀疑他贩毒，我还怀疑来的这个人不是爱克斯探长！"

"啊？"这次在场的人更糊涂了。

小胡子将军命令："立刻拿一包去化验！"

大头参谋长把大脑袋晃悠了半天，尽量使自己清醒过来。他问："将军，你根据什么说爱克斯探长是假的？"

小胡子将军分析说："爱克斯探长前两次来办案，都有国际刑警组织的电传通知和介绍信。这次他却不请自来，既没有电传通知，也没有介绍信。"

大头参谋长不服，他争辩说："爱克斯探长是咱们的老朋友。

再说，他来前不是给我打了个电话嘛！"

"不！"小胡子将军断然说，"朋友是朋友，公事是公事，二者不能混为一谈，我想他作为一名资深的探长，不会不懂得规矩。"

"报告将军，化验结果出来了！"士兵把化验单呈给小胡子将军。化验单上写着：

　　送检物外形：白色粉状物。

　　成分：99.9％的味精，0.1％的荧光粉。

大头参谋长看了化验单，双手捂着眼睛，一屁股坐在椅子上，大叫："啊——我上当啦！"

小胡子将军站了起来，大声命令："大头参谋长，你立即飞往国际刑警组织，向他们汇报这里发生的情况，争取他们的帮助；眼镜局长，你去抓捕贩卖毒品的人；炮兵团长，你火速去捉拿超级市场的陈经理！"

"是！"三个人整齐地行了个举手礼，转身快步走了出去。

炮兵团长带领一队士兵，乘警车直奔超级市场。"吱——"随着一声刺耳的刹车声，士兵们飞快地跳出警车，把超级市场围了个水泄不通。

炮兵团长大步闯了进去，问售货员："陈经理呢？"

售货员一看这阵势，吓了一跳，忙说："陈经理一大早就出去了。"

"陈经理有 BP 机吗？"

"没有。不过，他临走时给我们留下一张纸条，说有买东西的，可以到这个地方找他。这上面写的我们谁也看不懂。"伙计递给炮兵团长一张纸，纸上有字还有图：

我在中央大街 x 号，请不要忘记欣赏我这四层小楼新装的窗户，它们是 791、275、362、612。

$x=$ 号

炮兵团长跑出去一看，四层楼每层都有 3 个窗户，每扇窗户有 4 块玻璃，玻璃有红、黄两色。

炮兵团长看看窗户，再看看纸条，心里琢磨，这个陈经理在玩什么花招？突然，他用力一拍纸条说："我明白了。"

公安局的眼镜局长正路过这儿，他停车问："炮兵团长，你明白什么啦？"

炮兵团长指着窗户说："你看见了没有？这里每扇窗户都表示一个三位数。一共 4 个三位数都写在这里。"

"啊呀，这乱七八糟的，可怎么猜呀？"眼镜局长直摇头。

炮兵团长说："这几个数里出现最多的数是 2，一共出现 3 次。你看看哪个式样的窗户出现了 3 次？"

眼镜局长扶了一下眼镜，看了半天说："四层最左边那个窗户出现了 3 次，一、三、四层都有。"

"对。那个式样就代表 2！"炮兵团长分析说，"对照这 4 个三位数可以知道，四层是 275。由于四层中间的窗户和二层左边的窗户式样相同，都表示 7，二层必然是 791。"

眼镜局长接着分析："二层右边窗户和三层中间窗户式样一样，都是代表 1，三层必然是 612。剩下一层必然是 362 了。陈经理必然在中央大街 267 号！"

"眼镜局长，你替我守住超级市场。我去找陈经理！"炮兵团长说完跳上车直奔中央大街。

子弹打穿的谍报

炮兵团长驾车直奔中央大街 267 号，他跳下车一看，原来是座咖啡屋。炮兵团长大步走了进去，见屋里人还挺多。

炮兵团长大声叫道："陈经理！"

"哎！"有三个人同时答应。

"陈经理，我要买盐！"炮兵团长又喊了一声。

一个身材矮胖的中年人答道："请过来！"

炮兵团长径直走了过去，伸出手说："你就是超级市场的陈经理？"

中年人和炮兵团长握了握手说："我就是，你要买盐？"这位陈经理对炮兵团长要买盐感到十分奇怪。

炮兵团长一字一句地说:"我不是买普通的盐,我要买爱克斯探长送给你的盐!"

陈经理听了这两句话,脸色陡变。他镇定了一下说:"可以,你要买多少?我给你开张提货单。"说着把手伸进西服口袋里掏笔。刹那间,陈经理掏出来的不是钢笔,而是一支微型手枪。

"砰"的一枪,子弹直奔炮兵团长的头部射来。炮兵团长眼疾手快,头一歪躲过射来的子弹,一伸右手抓住了陈经理的枪,用力向上一反腕,手枪就落到了他的手里。

炮兵团长厉声喝道:"你老实点!"他向外一招手,门外立即跑进两名士兵,掏出手铐将陈经理的双手铐上。

"走!"士兵推着陈经理往外走。刚出门,只听"砰"的一声,对面楼上射来一颗子弹,子弹正中陈经理的左胸。陈经理"啊"的一声倒在了地上,4名士兵飞快地向对面楼房跑去,经搜查,没发现凶手。

炮兵团长见陈经理还有一口气,忙扶着他问:"毒品在哪儿?爱克斯探长在哪儿?你快说!"

陈经理用手指一指衬衣左上方口袋,有气无力地说:"这……这里有……张纸……条。"炮兵团长从他口袋里拿出一张被血染红,上面有一个枪洞的纸条。

炮兵团长又摇摇他问："爱克斯探长呢？"陈经理向炮兵团长背后一指说："他……"没等说完，头一歪死了。

　　炮兵团长听到背后有人说话："我在这儿！"他回头一看，是爱克斯探长站在他的背后。炮兵团长迅速跳了起来，掏出手枪叫道："不许动！你这个假爱克斯探长被捕了！"

　　爱克斯探长微笑着说："谁说我是假的？我是货真价实的爱克斯探长！"

　　炮兵团长用枪顶住他的胸口说："谁能证明你是真的？来人，把他先铐起来！"上来两名士兵亮出手铐就要铐。

　　"休得无理！"大头参谋长跑了过来，他对炮兵团长说，"这是我从国际刑警总部请来的真爱克斯探长！他是特地来帮助我们

155

侦破此案的!"

炮兵团长收起了手枪,上下打量着这个爱克斯探长,心想:真假难辨啊!

爱克斯探长接过带血的纸条,轻轻打开一看,中间有一个洞,余下有字:

精盐藏在金台大街15□□□6,注意这个数字的特点是能够被36整除且商最大!如果每盎司卖36元,收益最大!

爱克斯探长把纸条递给炮兵团长,说:"糟糕!中间的三位数字被子弹打掉了!"

炮兵团长看了一眼说:"能不能算出来?"

大头参谋长拿过来看了看说:"我认为算出来没问题。这个六位数能被36整除,而且商还最大,咱们就挑大数字往里填吧!"

"最大数字是9,把999填进去得159996,再用36除。"炮兵团长做了个除法:

159996 ÷ 36 = 4444.333……

炮兵团长一摸脑袋说:"嗯?怎么除不尽?我再换998填进去试试。"

爱克斯探长摇了摇头说:"这样一个数一个数地试除,太慢了。"

炮兵团长不服气。他问:"你有什么好法子?"

爱克斯探长笑了笑说："36 等于 4×9，一个数如果同时能被 4 和 9 整除，那么它必然能被 36 整除。"

大头参谋长插话说："一个整数的各位数字之和如果能被 9 整除，这个整数一定能被 9 整除；一个整数的最后两位数字组成的数能被 4 整除，这个数必然能被 4 整除。"

"我明白了。把 159996 的各位数字相加，$1 + 5 + 9 + 9 + 9 + 6 = 39$，又因为 $3 + 9 = 12$，比 9 多 3。我从 999 这三个 9 中适当减去 3，其和就是 9 了。"炮兵团长刚想试试，大头参谋长嘱咐说："别忘了，最后两位数要能被 4 整除。"

炮兵团长说："我先确定十位上的数。86 不能被 4 整除，76 可以，这样就少了 2 了。我再从百位上减 1，这样一共减去了 3。好了，这个数是 159876！"

大头参谋长晃悠着大脑袋，问："金台大楼 159876 是什么意思？没有这么大的房间号。电话号是七位，而这个数仅有六位呀！"

爱克斯探长说："先去金台大楼调查一下。"大家上了车直奔金台大楼。

金台大楼是一座写字楼，值班经理向爱克斯探长点点头说："你又来了！你昨天留给陈经理的东西，由于陈经理没来，还保存在我们这儿。"

"我留给陈经理的东西？"爱克斯探长马上明白过来，假爱克斯探长昨天来过。

爱克斯探长笑笑说："真对不起，我想把昨天留下的东西拿走。"值班经理拿出一个非常精致的礼品盒，炮兵团长刚要打开，爱克斯探长大喊一声："千万别动！"

神秘的礼品盒

炮兵团长刚想打开礼品盒，被爱克斯探长阻止了。爱克斯探长仔细检查这个精致的礼品盒，看到上面没有什么疑点，但当他把盒子端起来时，盒子底下有一个六位数字的密码，每个密码都可以活动。

大头参谋长说："六位数密码！"

炮兵团长反应也不慢，他说："159876。"

"对。"爱克斯探长说，"纸条上的 159876 在这里找到了用场！"

爱克斯探长小心地把密码拨到 159876，只听"咔嗒"一声，礼品盒自动打开了。礼品盒里有 3 件东西：一枚炸弹、一把钥匙和一封信。

炮兵团长倒吸了一口凉气："好玄啊！我要贸然打开，这枚强力炸弹还不把咱们全报销啦！"

爱克斯探长说："和黑社会的头目打交道，处处要小心！"他拿出信拆开读道："据可靠情报，真爱克斯探长明天到和平城。他肯定要找你，你要躲过他。你拿这把钥匙去月光大街 x 号，x

等于 1×2×3×4×…×999×1000 乘积中，末尾连续 0 的个数。你藏在那里，一周不要出来。"

炮兵团长一皱眉头："又是一串数字！"

爱克斯探长解释说："现在国际上使用的密码中有一种是数字密码。要破译这种密码，必须有将大到 80 位的数字分解成质因数连乘积的本事，这就是著名的'RSA 密码系统'。可是将一个大数分解质因数，对于一个数学家来说也是十分困难的。"

大头参谋长想了想说："这个问题好像不算困难。由于 2×5＝10，末尾会产生一个 0。末尾中的 0 也只能由 2 和 5 相乘而得。只要把从 1 到 1000 中每一个数都分解成质因数的乘积，再知道这里面有多少个 2 和 5 就成了。"

炮兵团长也开了窍，他说："这里面 2 肯定比 5 多，只要知道有多少个因数 5 就成了。"

大头参谋长接着说："从 1 到 1000 中有 200 个含有 5 的数，它们是 5、10、15、20、25……995、1000。"

"这么说末尾有 200 个 0 喽！"炮兵团长有点着急。

大头参谋长摇摇大脑袋说："不对。这 200 个含有 5 的数中，有的含不止一个 5 呀！比如 25＝5×5，125＝5×5×5，625＝5×5×5×5。"

"对，对。我忘了这茬儿了。"炮兵团长有点不好意思，"在 200 个含 5 的数中，有 40 个数能被 25 整除，它们是 25、50、

75……975、1000；在这 40 个数中只有 8 个能被 125 整除，它们是 125、250、375……875、1000；这 8 个数中有 1 个可以被 625 整除，那就是 625。合在一起共有 200 + 40 + 8 + 1 = 249 个 5。"

"也就是说乘积的末尾有 249 个 0，陈经理躲在月光大街 249 号，走，咱们去看看这个地方！"大头参谋长掉头就往外走。

提到超级市场的陈经理，炮兵团长想起了一个问题。他问爱克斯探长："陈经理一出咖啡屋，就被对面楼上飞来的一颗子弹打中心脏部位，打得真叫准！可是又没有发现凶手，这是怎么回事？"

"我也觉得奇怪。"爱克斯探长琢磨了一下说，"这样吧！让大头参谋长带一部分士兵去月光大街 249 号搜查，咱俩回到咖啡屋再研究研究。"

爱克斯探长把钥匙交给了大头参谋长，嘱咐了几句，自己和炮兵团长又返回咖啡屋。据咖啡屋经理回忆，陈经理常来咖啡屋。不过他有一个毛病，每次都是前门进后门出。

"前门进后门出？"爱克斯探长倒背双手，来回走了几趟。突然他停住脚，对咖啡屋经理说，"请借我一根长竹竿！"他又拿出那张带血迹、被子弹打穿了一个洞的纸。

爱克斯探长用竹竿挑着那张纸走到前门，他身体躲到一边，把竹竿伸了出去。只听"砰"的一声，对面又射来一发子弹，正打中这张纸。

炮兵团长明白了，对面楼上有一支自动发射的特制步枪，一旦这张纸出现在咖啡屋的前门它就能准确地射中这张纸。当时陈经理把这张纸放在左胸口袋里，子弹正好打中他的心脏部位。

爱克斯探长往对面一指："子弹是从 3 楼正中间那间房子里发射出来的，你去搜查一下。"

炮兵团长拔出手枪，带着两名士兵直奔对面 3 楼跑去。他们撞开门，屋里空无一人，一支步枪藏在窗帘后面。

据邻居介绍，这间屋子是超级市场陈经理租用的，但是他很少到这儿来住。

"自己布置步枪杀自己！这不可能！"炮兵团长派人密切监视此屋，自己向爱克斯探长作了汇报。爱克斯探长告诉他，经化验这张纸上有很强的放射性物质，对面的步枪一接收到这种射线就自动开枪，百发百中！

爱克斯探长说："这一切肯定不是陈经理自己设下的圈套，但是他也知道个大概，不然的话，他为什么怕走前门呢？咱们还是去月光大街 249 号，看看大头参谋长有什么收获。"

到了 249 号，见大头参谋长已经搜查完毕。屋里除了床铺、桌椅、电视机、电冰箱外，没有什么特别可疑的东西。

爱克斯探长拉开电冰箱的门，认真清点了一下里面的食物，笑着说："吃的东西还真不少，足够两个人吃一周的。你们先回去吧，我留在这儿享几天清福！"

"你一个人留在这儿?"大头参谋长和炮兵团长一齐瞪圆了眼睛。

"不，把那位已经死了的陈经理留下来和我做伴。"

把一个死人找来做伴? 爱克斯探长到底安了什么心?

背阴胡同 $b+d$ 号

大头参谋长和炮兵团长实在不理解，爱克斯探长为什么要把陈经理的尸体留下来做伴。

爱克斯探长对他们摆摆手，示意叫他们回去。大头参谋长带着大家一撤走，爱克斯探长就忙着布置，他把陈经理的尸体摆在电视机对面的沙发上。经过细心整理，陈经理就好像坐在那里看电视一样。他又在陈经理的衬衣领口处，放上一个微型扩音器。

一切布置就绪，爱克斯探长躲进大衣橱里，手里拿着微型扩音器，他通过大衣橱的门缝监视着电视机。

等了大约 1 个小时，只听"咔嗒"一响，电视机自动打开了，接着电视机上面的室内天线开始慢慢旋转，好像在搜寻什么东西。天线转了两圈又停了，电视屏幕上出现了一个人的头像，此人不是别人，正是假爱克斯探长。

屏幕上的假爱克斯探长说："陈经理，由于真爱克斯探长已经到了和平城，咱们那批盐要迅速转移!"

陈经理问："转移到什么地方?"

"转移到背阴胡同 $b + d$ 号。"屏幕上出现了一个算式：

$\left(\dfrac{1}{a} + \dfrac{1}{b} + \dfrac{1}{c} + \dfrac{1}{d} + \dfrac{1}{36} \right) + \dfrac{1}{45} = 1$，其中 a、b、c、d 为连续自然数。

陈经理又问："今后怎样和你联系？"

"暂时不联系。你把盐转移以后，我会主动找你。切记，要让你的店员去转移盐，你通过电话指挥就成了，你待在这里很安全。再见！咱们各自多保重！"假爱克斯探长刚刚说完，电视机自动关闭。

爱克斯探长从大衣橱中走了出来，从录像机中取出了录像带。原来，他把电视机中的图像录了下来。另外，死陈经理当然不会说话，是爱克斯探长假装的。

爱克斯探长回到驻军司令部，将录像放给小胡子将军看。

小胡子将军问："下一步怎么办？"

爱克斯探长说："应该先把这个新的藏毒地点找到，看看能不能发现假爱克斯探长的线索。"

小胡子将军皱了一下眉头说："这个背阴胡同我知道，可是 $b+d$ 是多少呀？"

炮兵团长站起来说："咱们挨门挨户地搜，不信找不到这个地方！"

"不成，不成。"大头参谋长连连晃着大脑袋说，"毒品还没有转移过来，你搜什么？再说，你一搜查就是打草惊蛇，等于给假爱克斯探长报了信啦！"

"你说怎么办？"炮兵团长的急脾气真像火炮一样。

大头参谋长说："咱们把 $b+d$ 算出来嘛！"

"一个算式中有 4 个未知数，你会算？"

"既然是假爱克斯探长提出的问题，就一定能算出来，不然的话，陈经理也找不到这个 $b+d$ 号呀！"

小胡子将军制止了他们俩的争论，对大头参谋长说："你先算，出现问题还有爱克斯探长嘛！"

"是！"大头参谋长边说边算，"先把已知数都移到等号右边：

$$\frac{1}{a}+\frac{1}{b}+\frac{1}{c}+\frac{1}{d}=1-\frac{1}{36}-\frac{1}{45}=\frac{171}{180}。$$

下一步要把 $\frac{171}{180}$ 拆成 4 个分子是 1 的分数之和。嗯……这可怎么拆呀？"大头参谋长遇到了困难。

爱克斯探长提示："应该先把 180 所有的约数求出来。"

"我来求。"炮兵团长抢着分解，"$180=2^2\times3^2\times5$，其约数为 1、2、3、4、5、6、9、10、12、15、18、20、30、36、45、60、90、180。"

大头参谋长糊涂了，他问："求出这么多约数来干什么？"

"你想啊！"爱克斯探长耐心地分析说，"把 $\frac{171}{180}$ 变成 4 个分子是 1 的分数之和，分子是 1 怎么才能得到呢？按照分数相加的法则，可以先把这 4 个分数的分母都取 180，这时需要把 171 拆成 4 个数之和，这 4 个数都要是 180 的约数！"

大头参谋长一拍大脑袋说："明白啦！我从 180 的 18 个约数中挑出 4 个来，使它们的和恰好是 171。先看哪两个数相加其和的末位数得 1。"

炮兵团长说："$1+10=11$，$5+6=11$，$2+9=11$，$6+15=21$，$15+36=51$……"

"停止！"大头参谋长拦住炮兵团长的话，"它还有个条件：要求 a、b、c、d 是连续自然数，所以 171 分成的 4 个数相差不能太远。"

"那怎么挑呀？"

"$171 \div 4 \approx 42$，由于平均数是 40 多，在把 171 分成 4 个数时，要取靠近 40 的数。"大头参谋长的主意还是多，他取了 36 和 45，作个加法 $36+45=81$。

炮兵团长不甘示弱："$171-81=90$，取个 60，再取个 30。"他写出：

$$30+36+45+60=171，$$

$$\frac{30}{180}+\frac{36}{180}+\frac{45}{180}+\frac{60}{180}=\frac{1}{6}+\frac{1}{5}+\frac{1}{4}+\frac{1}{3}。$$

炮兵团长用力一拍大腿说："嘿！3、4、5、6 正好是 4 个连续自然数，$a=3$、$b=4$、$c=5$、$d=6$，$b+d=4+6=10$。"

爱克斯探长点点头说："嗯，是背阴胡同 10 号。看来真假爱克斯探长要会面了！"

小胡子将军站起来说："我也要再去会会这个假爱克斯探长，

出发!"

一行汽车直向背阴胡同开去。

看门老头儿

汽车拐了好几个弯儿才找到背阴胡同 10 号。大头参谋长敲了半天门,门才打开一道缝,一个白发苍苍的老头露出半个脸,问:"你们找谁呀?"

大头参谋长说:"我们来找爱克斯探长!"

"谁?爱克斯探长?"老头满脸疑惑地摇摇头,"没有这么个人呀!"

"先让我们进去!"大头参谋长推开门走了进去。院子不大,北屋是三间大房子,东屋有一间小房,是看门老头住的。

小胡子将军、爱克斯探长一行人走进北屋,在沙发上坐好。爱克斯探长抽着他那个大烟斗,眼睛一直盯着看门老头。

小胡子将军问看门老头:"这里就你一个人吗?"

老头儿点点头说:"是,我给陈经理看门,平时没人来。"

爱克斯探长站起来,围着看门老头转了一圈儿:"你的声音好熟悉呀!我好像在哪儿听到过?"

看门老头眼睛里闪过一丝惊慌,他一低头,躲过爱克斯探长的眼光,苦笑着说:"天底下说话声音相像的人多着哪!"

167

"不!"爱克斯探长从皮包中拿出一个小盒子，他按了一下按钮，小盒子打出一长条纸带，纸带上有两条曲线，形状完全一样。

爱克斯探长说："这下面一条是你说话的声波曲线，上面一条是我刚刚录下的另一个人的声波曲线，这两条曲线一模一样啊!"

看门老头连连摇头说："我没文化，不懂什么曲线，噢，我忘了给你们沏茶了，我去拿点好茶叶。"说完就回自己住的小东屋。

爱克斯探长叮嘱说："我可不爱喝咸茶，千万别往壶里加精盐!"

看门老头进东屋不久，就在屋里大喊："爱克斯探长快来！出事啦！"

爱克斯探长闻声大步走了进去。转眼间从东屋走出两个一模一样的爱克斯探长。啊！在场的人全都大惊失色！

一个爱克斯探长说："一场真与假的斗争开始了！"

另一个爱克斯探长说："真的假不了，假的也真不了！"

小胡子将军霍地站了起来，用眼睛盯着这两个爱克斯探长，看了足有5分钟。大头参谋长知道这是小胡子将军的心理战，可是这一招儿失败了，两个爱克斯探长都泰然自若。

怎么办？大家你看着我，我看着你，一时没了主意。还是大头参谋长聪明，他对小胡子将军说："爱克斯探长最突出的是数学好，善解方程。将军，您何不出两道方程题考考他俩呢？"

"好主意！"小胡子将军说，"传说捷克国家的奠基人利布莎女王有3位求婚者。女王告诉他们，谁能解出下面题目，她就嫁给谁。"

"有意思！"两个爱克斯探长几乎同时露出了微笑。

小胡子将军说："女王说，如果我把一篮李子中一半多1个给第一位求婚者，把余下的一半多1个给第二位求婚者，再把余下的李子分成两半，并将其中一半加3个给第3位求婚者，那么李子就分完了。问篮子里共有多少个李子？请你们俩回答。"说完递给每人一张纸和一支笔。

一转眼，两人就把解算过程交了上来。左边的爱克斯探长是

169

这样解的：

"设篮子里原有 x 个李子，第一位求婚者得 $\frac{x}{2}+1$（个）李子，

剩下 $x-\left(\frac{x}{2}+1\right)=\frac{x}{2}-1$（个）李子；

第二位求婚者得到 $\frac{\frac{x}{2}-1}{2}+1=\frac{x}{4}+\frac{1}{2}$（个）李子，剩下

$\left(\frac{x}{2}-1\right)-\left(\frac{x}{4}+\frac{1}{2}\right)=\frac{x}{4}-\frac{3}{2}$（个）李子；

第三位求婚者得到 $\frac{\frac{x}{4}-\frac{3}{2}}{2}+3=\frac{x}{8}+\frac{9}{4}$（个）李子。

可列方程：

$\left(\frac{x}{2}+1\right)+\left(\frac{x}{4}+\frac{1}{2}\right)+\frac{x}{8}+\frac{9}{4}=x,$

$\frac{7}{8}x+\frac{15}{4}=x, \quad \frac{1}{8}x=\frac{15}{4}, \quad x=30$（个）。"

右边的爱克斯探长却莫明其妙地写了几个算式和两个箭头：

"$3\times2=6\Rightarrow6+1=7, \ 7\times2=14\Rightarrow14+1=15, \ 15\times2=$

30（个）。"

炮兵团长看完这两种解法，立即拔出手枪顶着右边的爱克斯
探长说："这个是假的！他连列方程都不会，胡写了几个算式来

170

对付咱们!"

大头参谋长飞快亮出手枪对准左边的爱克斯探长,对小胡子将军说:"这个才是假的哪!万万不能抓错人!"

"这……"小胡子将军一时没了主意。

炮兵团长嚷道:"谁知道他写的算式和箭头是什么意思?"

"我知道!"大头参谋长说,"他用的是倒推法。女王把最后的一半加3个给了第三位求婚者,正好分完,说明当时篮子里只有 $3 \times 2 = 6$(个)李子;往前推,第二位求婚者在分时,篮子里有 14 个李子,他拿走 8 个,剩下 6 个;再往前推,第一位分时,篮子里有 30 个,他拿走 16 个,剩下 14 个。"

炮兵团长问:"他既然叫爱克斯探长,解题就应该用方程来解呀!"

小胡子将军戴上眼镜看了看两个爱克斯探长,眼珠一转,"我知道谁是假爱克斯探长了。"他用手一指说,"把这个假爱克斯探长拿下!"

中毒"身亡"

小胡子将军一指左边的爱克斯探长说:"把这个假爱克斯探长拿下!"

"慢!"左边的爱克斯探长一摆手说,"小胡子将军,你可不能黑白颠倒，真假不分啊！我用方程方法解算却是假的，他瞎凑一个得数倒是真的？"

"哈哈！"小胡子将军大笑道，"你上了我的当啦！解题是在做戏，真爱克斯探长来和平城时，我在他的上衣上做了一个暗号，不信，你戴上我的眼镜看看。"

假爱克斯探长接过眼镜一看，爱克斯探长左胸有个发光的"真"字。原来小胡子将军用一种特殊荧光粉，在爱克斯探长左胸上写了一个"真"字。

假爱克斯探长瞪着绝望的眼睛说："完了，假的就是斗不过真的，一个人就是斗不过一群人，我输啦！"他低头迅速咬了一下自己的衣领口，然后两眼向上一翻，"咕咚"一声，直挺挺地倒在了地上。

公安局长快速跑了过去，把手放在假爱克斯探长鼻子前试了试，说："死啦！"又翻开他的眼睛，撬开他的嘴看了看，说："可能是氰化物中毒！"

小胡子将军挥挥手说："把他抬到法医处，解剖化验后火化！"

"是！"两名士兵把假爱克斯探长抬了出去。

炮兵团长面露笑容说："这下子假爱克斯探长一案终于结束了！"

大头参谋长摇摇头说："毒品还没有全部找到，假爱克斯探长的同伙是否都捉住了也不知道，我看这案子还没有完。"

一直沉默不语的爱克斯探长突然站了起来，问道："小胡子将军，法医处在什么地方？"

小胡子将军一愣，忙问："出什么事啦？"

爱克斯探长说："刚才士兵抬假爱克斯探长时，我看到他的右手碰到担架时，好像动了一下。"

"这么说，假爱克斯探长是装死？"屋里的空气一下子紧张起来。

"公安局长留下来搜查毒品，其余的人跟我去法医处！"小胡子将军率先登上警车，直奔法医处。

法医处的工作人员看见小胡子将军来了，立即闪开一条道。

小胡子将军问："刚才抬来的死人放到哪儿去了？"

法医处处长跑过来回答："报告将军，死人被抬进解剖室了，由刘医官主刀解剖。"

小胡子将军等一行人来到解剖室，见室内没人，解剖台上躺着一个死人，上面蒙着大白布单子。

小胡子将军问："刘医官呢？"

一个工作人员说："他去厕所了。"

大头参谋长立即闯进厕所，里面空无一人。

爱克斯探长伸手拉开白布单，解剖台上躺着的是刘医官，不过他穿的却是假爱克斯探长的衣服。

"动作好快呀！"爱克斯探长从死人的上衣口袋里掏出一张纸条，上面写着：

尊敬的爱克斯探长：

咱俩第一场斗争结束了，打了个平手。我想和你决一死战。地点选在南山的鹰愁峰上，时间是这个星期日上午 10 点。早饭要吃饱、吃好，那是你最后一顿早餐啦！

知名不具

"这是阴谋！这是陷阱！万万不能去！"大头参谋长跳出来极力阻止。

小胡子将军说："鹰愁峰，连鹰都飞不上去，别说是人啦！"

爱克斯探长笑笑说："这么说他也上不去了。看来战斗是在路上进行。"

小胡子将军建议爱克斯探长带着大头参谋长、炮兵团长和一队士兵去。

　　爱克斯探长摆摆手说："既然是决斗，我只能一个人去。你们尽管放心，假的总斗不过真的！"

　　星期日一大早，小胡子将军亲自开车把爱克斯探长送到南山下，进山只有一条路。爱克斯探长告别小胡子将军，独自向山上走去。

　　遇到一名护林警察。警察告诉他，30分钟前有一个长相和他十分相似的中年人进山了。

　　走了1小时，遇到一位采药老人。老人说那个人5分钟前刚过去，他行路的速度大约每小时3公里。

　　爱克斯探长看了一下手表，说："时间还早，休息一会儿。"他掏出烟斗刚想吸烟，忽然想到山上有林木不能吸烟。他躺在一块青石板上闭目养神。过了45分钟，他刚想走，就听有人说："探长好悠闲啊！"爱克斯探长回头一看是大头参谋长。

　　爱克斯探长生气了："你为什么要跟着我，你马上回去！"

　　大头参谋长笑嘻嘻地说："你只要告诉我，你还要多长时间可以追上他，我就回去。"

　　"是要算算这个时间。"爱克斯探长说，"他每小时走3公里，设我每小时走 x 公里。他一开始在我前面 $3 \times \frac{1}{2} = 1\frac{1}{2}$（公里），经过1小时，我比他多走了 $\left(1\frac{1}{2} - \frac{1}{4}\right)$ 公里。可以列个方程：

$$1\frac{1}{2} - \frac{1}{4} = (x-3) \times 1,$$

$$x = 4\frac{1}{4}。$$

我的速度为 $4\frac{1}{4}$ 公里/小时，他现在在我前面 $3 \times \frac{45}{60} + \frac{1}{4} = 2\frac{1}{2}$（公里）。我追上他的时间为 $2\frac{1}{2} \div \left(4\frac{1}{4} - 3\right) = \frac{5}{2} \div \frac{5}{4} = 2$（小时）。"

爱克斯探长一口气说完，再一看时间正好8点。

爱克斯探长说："我和他正好10点相会，你快回去吧！"

单打独斗

爱克斯探长只身向鹰愁峰攀登，山真是高啊！路也真难走。他一面攀登，一面警惕地注意周围，防备假爱克斯探长的暗算。

突然，"嗷"的一声，从一块大岩石后面蹿出一只大黑熊，它张牙舞爪地扑了过来。

面对猛兽，爱克斯探长并不惊慌，他闪身躲过，照准黑熊的右腿狠狠地踹了一脚，"扑通"一声，黑熊跪倒在地。黑熊站起来又扑了过来，爱克斯探长迅速爬到一块巨石上面。

黑熊在巨石下面"嗷嗷"乱叫，无奈石头太滑，它爬不上来。

爱克斯探长冲着下面的黑熊笑笑说："别叫啦！我踹你一脚，

176

就知道你是一只假熊，一只由电脑控制的机器熊。"

  他从口袋里掏出一只很精致的小盒子，说："我来破译你的密码。"他飞快地按动上面的按钮，小盒子不断发出"嘟嘟"的声音。突然，小盒子发出"嘀"的叫声，显示屏上出现："密码是1184 的相亲数。"

  "噢，是相亲数。这古希腊的老玩意儿可难不倒我。"爱克斯探长说，"甲、乙两个自然数，如果甲的所有因数（除去甲本身）之和等于乙，反过来乙的所有因数（除去乙本身）之和等于甲，那么甲和乙就是一对相亲数。我先来把 1184 分解。"

  $1184 = 2 \times 2 \times 2 \times 2 \times 2 \times 37$，

  1184 的因数（除去甲本身）为 1、2、4、8、16、32、37、

74、148、296、592 共 11 个。

相加：1 + 2 + 4 + 8 + 16 + 32 + 37 + 74 + 148 + 296 + 592 = 1210。

爱克斯探长点点头说："找到啦！1184 的相亲数是 1210，我来按一下。"小盒子的屏幕上出现了"1210"，黑熊一下子就不动了。过了一会儿，黑熊开口说话："你掌握了我的密码，想叫我干什么？"

爱克斯探长命令："去把你原来的主人，那个假爱克斯探长给我找出来！"

"是！"黑熊答应一声就往山上跑。

"不用找啦！我在这儿。"假爱克斯探长出现在另一块巨石上面。他还是打扮成爱克斯探长的样子。

黑熊"嗷嗷"乱叫向假爱克斯探长扑去。假爱克斯探长按了控制器上"1184"数码，黑熊又转身向爱克斯探长扑去。

爱克斯探长按了小盒子上的"1210"数码，让黑熊停止活动。他对假爱克斯探长说："好了，我们不要再折腾这只可怜的机器熊啦！鹰愁峰咱俩谁也上不去，不如咱俩提前在这儿决斗吧！"

"正合我意，这样可以提前一个多小时结束你的性命。"假爱克斯探长满脸杀气。

爱克斯探长说："我这个人不喜欢预测结果。请问怎么个决斗法？"

假爱克斯探长"哼哼"了两声，说："你到处宣传你是数学探长，擅长数学。在你死前，我要先测试一下，看看你到底有多大本领！"他拿出一个靶牌，放在距他们俩等远的地方。

假爱克斯探长掏出手枪，说："按照图上的数字排列的规律，A、B、C、D处都应该填上一个数。我用枪打中哪个字母，在5秒钟之内你必须说出这个地方应填什么数。"

爱克斯探长掏出他那个特大号烟斗，放上烟丝，用打火机点着，吸了一口，问："我如果在5秒钟内说不出答案呢？"

假爱克斯探长双眼一瞪说："我下一枪就射穿你的心脏！"

爱克斯探长吐了一口烟，笑眯眯地说："就这样，你开枪，我计算。"

"砰"的一声，正中字母 A。爱克斯探长答："289。"

"什么规律?"

"由外向里，每后一个数是前一个数的 2 倍减 1。$145 \times 2 - 1 = 290 - 1 = 289$。"

"砰"的又一响，字母 D 被打中。

爱克斯探长说："应该填 16，后一个数是前一个数加 3。"

"砰""砰"这次连响两枪。假爱克斯探长一愣，他暗自纳闷儿，我每次都打一枪，这次怎么出现两枪?他转身一看，爱克斯探长把烟斗反着拿，烟斗原来也是一支枪，这另一枪正是从烟斗中射出来的。

假爱克斯探长转回头一看，字母 B、C 全被击中。他知道字母 B 是真爱克斯探长击中的。

爱克斯探长很快地说出："根据后一个数是前一个数 3 倍的规律，C 处应该填 $162 \times 3 = 486$。请你在 5 秒钟内答出字母 B 处应该填几？"

"这……"由于这一切发生得太快，假爱克斯探长一下子卡壳了。

"时间到了，我替你答吧！根据后一个数是前一个数的平方减 1 的规律，B 处应该填（3968）^{2} $- 1 = 15745023$，你输啦！"爱克斯探长说完按动烟斗。

只听"砰"的一响，假爱克斯探长只觉左胸心脏处一热，他大叫一声："啊！"

红 头 子 弹

假爱克斯探长听到"砰"的一响，觉得左胸一热，以为自己心脏部位中弹，他不自觉地用手去摸中弹部位，摸到的不是血，而是被烫了一下。原来这次爱克斯探长射出的不是子弹，是一团燃烧的烟丝。

爱克斯探长重新往烟斗里装烟丝，边装边说："快把你身上的烟丝抖掉，不然的话会把你的衣服烧着。"假爱克斯探长赶紧抖掉烟丝，发现衣服已被烧了一个大洞。

爱克斯探长点着烟丝，问："这一轮决斗结束了，下一轮咱们如何斗法?"

"咱们还是先斗智后斗勇。"假爱克斯探长说着从背包中取出一个小皮口袋,"我这个口袋里装有两种子弹,黑头的是普通子弹,红头的是麻醉弹。我让你猜一猜这口袋里共有多少颗子弹?"

爱克斯探长问:"什么条件?"

假爱克斯探长从皮口袋中取出一颗红头子弹,说:"我取出 1 颗红头子弹,剩余的子弹中有七分之一是红头的。"

他把红头子弹放回口袋,又从中取出 2 颗黑头子弹,说:"我取出 2 颗黑头子弹,剩余的子弹中有五分之一是红头的。"

"我还是用方程给你算。"爱克斯探长说,"我设口袋里红头子弹有 x 颗,黑头子弹有 y 颗。取出一颗红头子弹,口袋里剩 $(x-1)+y$ 颗,而红头的有 $x-1$ 颗,占七分之一,可列方程:

$$x-1=\frac{1}{7}(x-1+y),$$

再放回去,又取出 2 颗黑头子弹,口袋里剩下 $x+(y-2)$ 颗,红头占五分之一,可列方程:

$$x=\frac{1}{5}(x+y-2)。$$

整理上面两个方程,得 $6x-y=6$,   ①

$$4x-y=-2。 \quad ②$$

①-②得 $x=4$,又可得 $y=18$。"

182

爱克斯探长说："你的口袋中共有22颗子弹，其中有4颗麻醉弹。我算完了，下面该斗勇了。"

假爱克斯探长冷笑了一声，说："我闭上眼睛从口袋里随便摸一颗子弹。"他摸完后，把口袋扔给了爱克斯探长。

假爱克斯探长指指口袋说："你也闭上眼睛从口袋中随便摸出一颗子弹。咱俩采用欧洲中世纪决斗的方法，举枪对射!"

"好主意!"爱克斯探长从口袋里摸出一颗子弹。他说，"由于口袋里有普通子弹和麻醉弹，咱俩的生死就要看运气了。你摸的如果是红头子弹，我摸的是黑头子弹，那你死我活!"

假爱克斯探长举起手中的黑头子弹"哈哈"一阵狂笑："看来不是我死你活，而是你必死无疑!"说完把黑头子弹装进手枪中。

爱克斯探长把手中的子弹也举了起来，说："我摸到的却是红头子弹，我的手气不错啊!红头子弹只占十一分之二，却被我摸着啦!"他把子弹装进了烟斗里。

假爱克斯探长把手臂向前平伸，枪口对准爱克斯探长，问道："临死前，你还有什么话要交代吗?"

"别的要求没有，容我吸两口烟吧!"说完他又向烟斗中加了点烟丝。

假爱克斯探长让手枪在食指上转了一个圈儿，说："让你这个烟鬼最后过一过烟瘾吧!"

爱克斯探长用力吸了一口烟，又迅速把烟吐了出来。过了一会儿，假爱克斯探长闻到一股很特殊的烟草香味。

爱克斯探长把烟灰磕掉，说："烟瘾过完了，咱们开始决斗吧!"说完把烟斗举了起来。

假爱克斯探长手举着枪，瞄准爱克斯探长。怎么回事？眼前的爱克斯探长模糊不清，有好几个爱克斯探长的影子在眼前晃动。他转念一想，爱克斯探长刚才吸的那两口烟，里面有鬼！可能含有致幻剂，使人闻了会产生幻觉。他从口袋里摸出一粒红色小药丸，扔进口中。

爱克斯探长说："你喊一、二、三，咱俩同时开枪。"

假爱克斯探长喊："一、二、三。""砰"、"砰"两枪几乎同时射出。假爱克斯探长射出的黑头子弹，距爱克斯探长有 1 米远飞走了。而假爱克斯探长却右臂中弹，他扔掉手枪，晃晃悠悠地在原地转了个圈儿，"扑通"一声倒在了地上。

爱克斯探长笑了笑说："倒了，倒了，看来这个麻醉弹还挺灵，我带你去见小胡子将军吧!"他刚要挪步，就听背后有人喊："别动！再动我一枪打死你!"

爱克斯探长回头一看，奇怪！背后又出了一个爱克斯探长！这时倒在地上的假爱克斯探长也爬了起来，他说："我已吃过解药，麻醉弹对我不起作用!"

爱克斯探长仰面哈哈大笑："看来你这个假爱克斯探长的生命力极强，一个变两个，两个变三个，越变越多，越来越真假难分了。"

两个假爱克斯探长拿着两支手枪，一左一右挟持着爱克斯探长往山上走。没走几步，远处飞来一架直升机，停在他们头顶上，放下软梯，3个真假爱克斯探长顺着软梯爬上了直升机。

这一切，大头参谋长看得清清楚楚。他怕误伤爱克斯探长，也不敢射击，眼睁睁地看着直升机飞走了。

大头参谋长一屁股坐在地上，大叫："完啦！"

特殊考试

爱克斯探长被假爱克斯探长劫持的消息，在和平城驻军司令部引起了极大的震动，小胡子将军召开紧急会议，商讨营救爱克斯探长的方案。

炮兵团长涨红了脸说："给我 200 名士兵，我去把爱克斯探长救回来！"

大头参谋长晃了晃大脑袋问："你知道假爱克斯探长现在躲在什么地方？你去哪儿救？"

大家你一句我一句，谁也想不出好的营救方法。正当大家一筹莫展之时，卫兵跑进来报告说，爱克斯探长一个人回来了。

大家往门口一看，只见爱克斯探长右手握着他那特大号烟斗走了进来，大家先是一愣，接着都跑了过去，握住爱克斯探长的手，问这问那，只有小胡子将军坐在那里纹丝不动。

大头参谋长好生奇怪，他问道："小胡子将军，你为什么不起来欢迎爱克斯探长呢？"

小胡子将军冷冷地说："谁知道这个爱克斯探长是真的还是假的？"

大头参谋长提醒说："你可以戴上特殊眼镜，看看他身上有没有特殊记号。"

小胡子将军摇摇头说："被人知道的秘密，已经不成为什么秘密了。"

炮兵团长急着问："将军，你说怎么办？"

小胡子将军站起来，走到办公桌前，说："咱们应该好好想一想，什么是爱克斯探长的绝活儿？这种绝活儿别人不可能几天内学会。"

炮兵团长说："是解方程，爱克斯探长解方程可谓一绝！"小胡子将军摇摇头。大家一阵沉默，爱克斯探长站在那儿，笑眯眯地吸着烟，等待着辨别。

突然，大头参谋长一拍大腿说："有啦！爱克斯探长最绝的是吹射烟丝！他用力吹那个特大号烟斗，燃烧的烟丝会像箭一样地飞向目标，百发百中。"

"对！"大头参谋长一席话，提醒了小胡子将军。他拍了一下前额说，"我有主意啦！卫兵，拿一张硬纸来。"他在硬纸上画了一个"十"字。

小胡子将军指着"十"字说："这个'十'字中 $AB = BC = CD$，请爱克斯探长在 10 米以外，用吹射烟丝的方法在'十'字上烫出几个点。按这些点的连线把'十'字剪开，恰好能拼出一个正方形。"

"好！"在场的人一致叫好。大家说，这种考法，既考了吹射烟丝的本领，又考了数学，连爱克斯探长也称赞是"一箭双雕"。

爱克斯探长退到 10 米之外，拿起他那个特大烟斗，猛吸了几口，趁烟丝燃烧正旺之时，转动烟斗吹出两缕火红的烟丝，在"十"字上烫出两条线段 MN 和 CG。

爱克斯探长走近"十"字，沿着 MN、CG 把"十"字撕成 4

块，重新拼成一个正方形。

"好！"在场的人一齐叫好，大家都说这个爱克斯探长肯定是真的。

小胡子将军还是不表态，他冷冷地问："请说说其中的道理。"

"好的。"爱克斯探长给烟斗添了些烟丝后说，"假设 AB 的长度为 1，这个'十'字的面积就是 5。把这个'十'字拼成一个正方形，那么正方形的面积必然也是 5，它的边长必然是 $\sqrt{5}$。"

大头参谋长连连点头说："对、对，新正方形的边长就是 $\sqrt{5}$。"

爱克斯探长在纸上画了个图，说："△MON 组成一个直角三角形，其中 NO = 1，MO = 2，因此 MN = $\sqrt{1^2 + 2^2} = \sqrt{5}$。同样道理 CG 也是 $\sqrt{5}$，这正是新正方形的边长！"

小胡子将军又问："你是怎样从假爱克斯探长魔掌中逃出来的？"

爱克斯探长对卫兵说："请你到汽车中把另外两个'我'请出来！"卫兵答应一声转身出去。没过多会儿，卫兵架来两个神志不清的爱克斯探长。从外形上看，与真爱克斯探长没有一点差异。

小胡子将军问："两个假爱克斯探长？"

爱克斯探长双手一摊说："我知道这两个都是假的，哪个是头儿，我可说不清。"说完，他从口袋里掏出一个小药瓶，打开瓶盖给他俩闻了闻，两个假爱克斯探长很快就苏醒过来了，士兵给他俩戴上了手铐。

爱克斯探长说："这次我去了一趟假爱克斯探长的大本营，才弄清楚假爱克斯探长原来是一个大剧院的化装师兼演员。他化装技术非常高超，由他化装的替身演员可以以假乱真。可是坏也坏在他的化装技术上。"

小胡子将军问："这是为什么？"

"他为了蒙骗你们，先后化装了6个假爱克斯探长，加上他自己共7个。"爱克斯探长这段话引起了大家极大的兴趣。大家说再加上真的一共8个啦！这可乱了套了。

爱克斯探长指指假爱克斯探长说："我是怎样回来的，你让他们说吧！"

小胡子将军一指左边的假爱克斯探长，喝道："你把真实情况如实招来！"

假爱克斯探长哆哆嗦嗦地说："那天，头儿把真爱克斯探长押回大本营。头儿让我们6个假的好好学他的一举一动。他抽烟，我们也抽，忽然闻到一股特殊烟味，我就失去了知觉。"

破 地 雷 阵

假爱克斯探长在叙述被捕的过程时说，他闻到一股特殊的烟味，就失去了知觉。

爱克斯探长笑了笑，从口袋中一下子掏出6个烟丝袋。他说："我抽的烟丝有很大学问。这6袋烟丝中有普通烟丝，有使人晕倒的烟丝，还有致幻烟丝，闻到这种烟味会使人产生各种幻觉。烟丝也是我制伏敌人的武器。"

小胡子将军此时才面露笑容，他催促说："爱克斯探长，快说说闯入敌人大本营的情况。"

爱克斯探长说："当两个假爱克斯探长劫持我的时候，我完全有能力脱身。后来我想，这个假爱克斯探长神出鬼没，很难掌握。我必须摸透他的老底，索性跟他们走一趟。"

炮兵团长问："他们的大本营在哪儿？有多少人？"

爱克斯探长说："直升机迎着太阳飞，当时时间是上午10时

30 分，我可以肯定它是朝东南方向飞。飞行速度大约是每小时200 公里，飞了有 20 分钟，这样飞行差不多有 70 公里。"

小胡子将军走到军用地图前，找到了相应的位置，说："大约在野猪洞附近。"

"说得对！"爱克斯探长补充说，"直升机降落在山坳里，我被带进一个很大的山洞里。"

小胡子将军说："那个洞就是野猪洞。由于常有野猪出没，除了猎人很少有人去。"

大头参谋长问两个假爱克斯探长，他们的大本营是不是设在野猪洞，他们点头称是。从他们嘴里知道，这是一个走私贩毒集团，头头外号叫"千面人"，总共有 20 多名匪徒，配有各种现代化武器，来和平城的目的，是想在和平城建立一个毒品交易中心。

小胡子将军下达命令："炮兵团长带一个团的士兵把野猪洞及周围地区团团围住，带上几门高射炮，防止他们从空中逃走！"

"是！"炮兵团长转身走了出去。

小胡子将军又命令："大头参谋长，你也带一个团的士兵由这两个假爱克斯探长引路，直捣野猪洞！"

"是！"大头参谋长答应一声，刚想转身出去，两个假爱克斯探长"扑通"一声，一齐跪倒在地，高叫，"小胡子将军饶命！"

小胡子将军吃了一惊，问："怎么回事？我没想杀你们呀！"

两个假爱克斯探长说："您不杀我们，可是'千面人'在野猪洞的周围，布设了许多电子地雷，威力十分强大，我们俩带你们往里闯，必死无疑呀！"

爱克斯探长向前走一步，说："不对呀！在你们晕倒时，我拖着你们俩出了野猪洞，上了一辆吉普车直接开了出来，并没有遇到电子地雷呀？"

一个假爱克斯探长说："平时电子地雷是关着的，免得伤了猎人。一旦打开开关，你就别想靠近野猪洞！"

小胡子将军双眉紧皱，问："有这么厉害？你们说说如何破法？"

另一个假爱克斯探长说："我只知道这个地雷阵叫'等积电子雷'。必须有很高的数学素养，才能破这个电子地雷阵。"

"有爱克斯探长我们不怕任何数学问题！"小胡子将军一挥手说，"走，咱们去破地雷阵！"

小胡子将军率部队来到了野猪洞，见炮兵团长把野猪洞围了个水泄不通，几门高射炮直指天空。一名假爱克斯探长匍匐前进，爬到一块大石头前，伸手从石头缝儿中掏出一个小金属盒。打开盒盖，里面是一个圆形屏幕，屏幕上亮着3个小亮点。中心处是一个红点，往外依次是一个绿点，一个黄点。

假爱克斯探长拿出一支电子笔说："用这支电子笔把这个圆屏幕分成形状和大小完全相同的两块，使一块中含有绿点，另一块中含有黄点。"

小胡子将军问："如果分对了，会怎么样？"

"电子雷在半小时内不会爆炸。"

"如果分错了呢？"

"这个控制盒首先会爆炸！"

小胡子将军点点头说："这次全看爱克斯探长的啦！"

爱克斯探长一句话也没说，以红亮点为圆心做了一个小同心圆，使得绿点在小圆内，黄点在小圆外。又做了两条直径，把圆形屏幕分成带斜线和不带斜线两部分。

大头参谋长跑过来一看，大叫："好！分得好，这两部分不但面积相等，形状也完全一样！"

小胡子将军一挥手说："抓紧半小时的时间攻进野猪洞，活捉千面人！"

"冲呀!"士兵们听说没有地雷了,端起枪就冲向野猪洞。

"呼、呼","呼、呼"。双方在野猪洞外展开了战斗。由于匪徒工事修得十分坚固,打了半个小时也没攻进去。

大头参谋长急了,他扛起一门轻型火箭炮朝着山洞口"咚、咚"开了两炮,趁着硝烟未散,大头参谋长一个人冲进了野猪洞。

小胡子将军在后面大喊:"别一个人进去,危险!"

真 相 大 白

大头参谋长朝野猪洞开了两炮,然后一个人冲进了洞里。小胡子将军知道一个人进入野猪洞有多么危险,急令部队往里冲。由于里面火力太猛,打得士兵抬不起头来,进攻受到阻挠。

怎么办?小胡子将军十分着急。

"我来试试。"爱克斯探长一手拉上一个假爱克斯探长,径直朝野猪洞走去。

说也奇怪,3个爱克斯探长一出现,野猪洞里立刻停止了射击。野猪洞周围显得异常安静,只听见3个爱克斯探长走路的脚步声。

当3个人走到离野猪洞还有30米远时,里面的扩音机传出了声音:"站住! 你们3个人举起双手,把身体转过去!"

3个人乖乖地举起双手,然后原地向后转。从野猪洞里跑出一名匪徒，对真假爱克斯探长进行搜身，拿走每个人的大烟斗和烟丝口袋。

扩音机又响了："你们 3 个人中只有一个是真爱克斯探长，为了区分出来哪个是真爱克斯探长，请抢答我下面的问题：刚才我们抓住了大头参谋长。拿他当靶子，进行了一次射击比赛。每人朝大头参谋长打 4 枪，结果有 $\frac{1}{3}$ 的人打飞了一枪，$\frac{1}{4}$ 的人打飞了两枪，$\frac{1}{6}$ 的人打飞了三枪，$\frac{1}{8}$ 的人四枪全打飞了。参加射击的不超过 30 人，问四枪全部打中的有多少人？"

炮兵团长听了这道题，放声大哭："完了！大头参谋长被打成筛子啦！我的好兄弟呀！哇……"

"别哭！"小胡子将军的胡子向上翘起说，"他们在进行心理战，别听他瞎说。"

站在中间的真爱克斯探长突然转过身，说："我来回答：四枪打中的一个也没有，因为你们根本就没抓住大头参谋长！"

"嗯……"扩音机的声音犹豫了一下，又厉声说道，"要按着我出的题答，不谈真实情况！"

炮兵团长听说大头参谋长没事儿，立刻破涕为笑，"哈哈，还是爱克斯探长行，一句话就戳穿了他们的谎言！"

爱克斯探长笑了笑说："好，我按你的题来答，先求参加射击比赛的人数。由于这个人数可以被 3、4、6、8 整除，可先求

3、4、6、8 的最小公倍数，是 24。又由于参加比赛的人数不超过 30 人，所以人数就是 24，其中没有全部击中的人数是 $24 \times \left(\frac{1}{3} + \frac{1}{4} + \frac{1}{6} + \frac{1}{8}\right) = 24 \times \frac{21}{24} = 21$（人），全部击中的只有 3 人。射击技术真不行！"

扩音机里传出声音："看来，你是货真价实的爱克斯探长喽！左右两个假的，把这个真货给我押进来！"

"是！"站在两边的假爱克斯探长动手要抓爱克斯探长。

爱克斯探长右手向上一举，喊了一声："慢！"然后向前走了两步说，"千面人，小胡子将军已用两个团的兵力将野猪洞团团围住，你现在是上天无路，入地无门，投降可以求活，顽抗只有死路一条。我进野猪洞就是和你商谈条件的，我作为一方使者，你不得无理！"

经过了一段时间的沉默，里面说："好吧！你的大烟斗已被我们没收，量你也玩不出什么新花样！你进洞吧！"

爱克斯探长走到离洞口只有几步远时，野猪洞里响起了激烈的枪声。爱克斯探长右拳向空中一挥，说："好！大头参谋长在里面打响啦！"接着以迅雷不及掩耳之势，将左右两个假爱克斯探长击倒在地，一个箭步蹿到了洞口，没等守洞口的匪徒反应过来，就把他们一一击倒。

爱克斯探长抄起匪徒的机关枪，对着里面就扫了一梭子，他冲外面喊了一声:"快冲!"小胡子将军站起来,大喊:"冲啊!"
一马当先冲了上去。

经过一场短兵相接,小胡子将军的部队攻占了野猪洞,打死
了12名匪徒,抓住了5个假爱克斯探长。

爱克斯探长掰着手指数着:"洞外被我打晕了两个,这里捉
了5个,再加上我,一共8个真假爱克斯探长,一人也不少!"

大头参谋长左臂受伤,脖子上吊着绷带。他右手拿着手枪,
用枪管一个一个地点着5个假爱克斯探长的鼻子,边点边说:
"你们谁是千面人?快说出来,不说,我把你们都毙了!"

5个假爱克斯探长个个面带冷笑,一言不发。大头参谋长刚
想发火,爱克斯探长走了过来,"刺啦""刺啦""刺啦"地把5

个假爱克斯探长的右袖子全撕了下来。他认真查看这 5 个人的右臂，突然，从中拉出一个，说："千面人，这场戏该结束了吧！你右臂上被我打中的枪眼儿，为什么不化装一下呢？"

千面人叹了一口气说："唉，智者千虑，必有一失，我忽视了这一点。"

爱克斯探长撕下他的假面具，发现他是一个长得很不错的年轻人。爱克斯探长摇摇头说："可惜了，一个挺像样的演员！"

小胡子将军命令："全部押走！"

爱克斯探长智闯黑谷

化 装 侦 察

数学探长爱克斯与和平城驻军司令小胡子将军是老朋友了。爱克斯探长帮助小胡子将军侦破了一个又一个复杂的案件，取得一个又一个胜利。和平城在小胡子将军的治理和爱克斯探长的帮助下，犯罪案件逐年减少，呈现出一派和平景象。但是，离和平城大约 50 公里，一处叫黑谷的地方，却成了犯罪分子聚集的场所，他们在这里贩卖毒品，倒卖军火，杀人越货，无恶不作。

一天，爱克斯探长来到了小胡子将军司令部。小胡子将军赶忙起来相迎，两人紧紧握手。

小胡子将军问："奇怪呀，什么风把探长给刮来了？我们和平城近来可没发生什么大案。"

爱克斯探长笑了笑说："和平城里没事，可是城外却不安宁啊！"

小胡子将军用手拍着爱克斯探长问："这么说，你是为了黑谷而来？"

爱克斯探长微笑着点了点头："将军一猜便中，我正是为黑谷来贵司令部搬兵。"

"太好啦！"小胡子将军用力一拍手，"探长不来，我也准备去消灭黑谷中的犯罪分子。咱们联手作战，必须完全彻底地消灭这群坏蛋！"

爱克斯探长收敛了笑容，停顿了一会儿说："怕不那么简单。黑谷中的犯罪分子非常狡猾，他们手段十分毒辣，并不好对付。"

小胡子将军往前走了一步，问："探长的意思是……"

"为了摸清黑谷的底细，我们来一次化装侦察。"爱克斯探长指一指自己说，"我化装成大公司的董事长。"

"像！探长的块头和派头，不用化装就是一名董事长。"小胡子将军频频点头，他又问，"探长，你看我化装成什么好？"

"你嘛……"爱克斯探长围着小胡子将军转了一圈儿，上下打量他，"你长得比较瘦，又留着小胡子，我看你化装成算命先生最合适！"

"算命先生？我可不会算命！"小胡子将军对自己扮演的角色大吃一惊。

爱克斯探长笑笑说："这些匪徒都非常迷信，把算命先生的话句句当真!"

　　大头参谋长和炮兵团长闻讯跑来，也要求化装侦察。爱克斯探长叫大头参谋长当他的保镖，让炮兵团长当黑帮头子，挑选几个枪法好、武功高的当打手，来个以毒攻毒!

　　经过化装师的一番打扮，个个变了样。爱克斯探长穿着名贵西装，戴着墨镜，只是口中叼的还是那只大烟斗。大头参谋长开着一辆"宝马"车来接他。大头参谋长下身穿牛仔裤，上身穿黑色大背心，两条满是肌肉的胳膊露在外边，腰里别着两支大号手枪，也戴着一副墨镜，头剃得锃亮，光可照人。

　　大头参谋长打开车门，爱克斯探长低头上了车，汽车一阵风似的开走了，直奔黑谷。

表面上看，黑谷并没有什么特殊的地方。一条大街，两边有各种各样的商店，卖什么的都有，不过来买东西的人不多。附近的居民都知道，这些商店并不是在卖货架上摆着的货，而真正卖的货，要到后面密室里才看得到。

他们的车在一家卖装饰材料的商店前停下。爱克斯探长走出汽车，进了商店，也不和店员打声招呼，径直向后面走去。

店员刚想阻拦，大头参谋长低声说了句："做大买卖的!"直奔后面密室。密室里设施十分简单，一条长桌，两边各有几把椅子。爱克斯探长坐在椅子上，大头参谋长站在椅子背后。

里面的门一开，进来三个人，两个年轻的一看就知道是打手。一个中年人，肤色较黑，体态很魁梧，他坐到了爱克斯探长对面。

中年人问："要什么?"

爱克斯探长说："前几天大成珠宝行丢了一批非洲钻石，我想都买过来。"

中年人一怔，接着又笑了笑说："只卖给你一颗。"

爱克斯探长问："什么价钱?"

中年人说："价钱嘛，是个六位数，其个位上数字是6，如果将6移到最高位数前面，所得的新六位数恰是原数的4倍。你看怎么样?"

爱克斯探长回头对大头参谋长说："你来算算价格是多少?"

大头参谋长说："它是一个六位数，个位数字是6。可以设前

202

五位数是 x，这个六位数就是 $10x + 6$。把 6 移到最高位数前面，它就变成 6×100000，而新的六位数是 $600000 + x$。这时新数是原数的 4 倍，可列出方程：

$$4(10x + 6) = 600000 + x,$$

$$39x = 599976，x = 15384。"$$

爱克斯探长吸了一口烟，说："这颗钻石开价是 153846 美元喽?"

中年人把身子往前一探说："花 15 万美元买这么好的非洲钻石，你算捡了一个大便宜!"

爱克斯探长好像不把 15 万美元当回事，他说："只要货好，我不怕花钱，我要看看货!"

中年人冷笑了一声说："看货? 要一手交钱，一手看货!"

爱克斯探长站起来，对大头参谋长一扭头说："既然这笔买卖不想做，咱们走!"两人刚要迈步，对方的两名打手飞快地掏出手枪喝道："走? 没那么容易! 摸了我们的底，想溜走，没门儿!"

非 洲 钻 石

爱克斯探长见中年人不肯拿出钻石，起身就走。两名各戴着一个大耳环的打手，掏出手枪拦住爱克斯探长。

"你们想干什么?""砰""砰"大头参谋长甩手就是两枪,"当啷""当啷"这两枪将两名打手的耳环打落在地。

两名打手同时用手摸了一下自己的耳朵,惊叫:"好厉害的枪法!"

"哈哈。"中年人大笑了两声说,"果然身手不凡! 有这么好枪法的只可能是两种人。"

大头参谋长问:"哪两种人?"

"或者是杀人如麻的土匪,或者是身经百战的警察。"中年人盯住大头参谋长说,"至于你们二位是什么人,只有你们自己知道!"

"买卖要做,货让看,可是货在黑谷第几号房子里我可不清楚。有本事自己去算吧!"中年人在纸上写了几行字,又画了几个圆圈儿递给了爱克斯探长。

爱克斯探长接过纸条一看,只见上面写着:

非洲钻石在黑谷第 m 号;

$m = [\bigcirc \div \bigcirc \times (\bigcirc + \bigcirc)] - (\bigcirc \times \bigcirc + \bigcirc - \bigcirc)$

从 1 到 9 中不重复地选出 8 个数,分别填进上面圆圈儿中,使 m 的数值尽可能大。

爱克斯探长冲中年人微微一笑,把纸条装进口袋里就走了出去。两个人上了汽车,大头参谋长回头把纸条要了过去。

大头参谋长看着这张纸条，自言自语地说："既然要 m 最大，最左边一个圆圈儿一定要选最大的9，第二个圆圈儿要选个最小的1。"

爱克斯探长在后排座说："两个圆圈儿相加也要尽量的大，一个填7，一个填8。"

"对。"大头参谋长说，"右边的圆圈括号前面是减法，要求它的值尽量小。现在还剩下2、3、4、5、6五个数没用，选哪四个呢？"

他想了一下，一拍大腿说："有啦！○×○＋○这三个圈儿尽量填小一点的数，而最后一个圆圈儿要填大数。"说完就填好了：

$$[⑨÷①×(⑦+⑧)] - (②×③+④-⑥) = 131。$$

爱克斯探长催促说："咱们快去黑谷131号。"大头参谋长开车直奔131号。停下车，大头参谋长率先闯了进去，进门就说："我要买非洲钻石。"话声未落，从门后一左一右蹿出两条汉子，扭住他的双臂要把大头参谋长制伏。说时迟，那时快，大头参谋长大喊一声："滚开！"用他那大号脑袋，照着两个汉子的胸膛一人给了一个"羊头"。这一招儿十分厉害，两名壮汉被碰得倒退几步坐在地上。

大头参谋长迅速亮出手枪，逼住两个壮汉："不许动！你们敢动一下我就打死你们！"

"果然好身手！"坐在沙发上的一个老头笑眯眯地说，"二位是来看货的，请坐！"然后向后一招手。一个又高又壮的男青年捧着一个锦缎盒走了出来，里面有一颗栗子大的非洲钻石。

爱克斯探长拿起钻石仔细看了看，"啪"的一声扔在地上，生气地说："拿个圆球来骗我！"

老头从沙发上忽地站了起来，用手指着爱克斯探长："你……"

爱克斯探长拍了下老头的肩，说："别着急，别着急。丢失的这批价值连城的非洲钻石一共 5 颗，分别叫做火、风、土、水和宇宙。"

"噢，你还挺在行，接着往下说。"老头又慢慢坐了下来。

爱克斯探长掏出他的大号烟斗，放进烟丝，点着，慢慢地吸了一口："非洲钻石被加工成正多面体形状，而正多面体只有 5 种形状：正四面体、正六面体、正八面体、正二十面体和正十二面体。在古希腊这 5 种正多面体分别表示火、风、土、水和宇宙。所以给 5 颗非洲钻石起了这样一组名字。"

勤学好问的大头参谋长，对这个问题产生了兴趣，他问："为什么正多面体只有 5 种呢?"

爱克斯探长使劲看了一眼大头参谋长，心想，这是什么时候，你还有空儿问数学问题? 但是表面上，爱克斯探长还要装着若无其事的样子。他笑了笑说："今天咱们是来做买卖，有些问题来不及细讲，我可以告诉你一个最基本的定理，用 v 表示一个凸多面体的顶点数，e 表示它的棱数，f 表示它的面数，这三者应该满足关系式：$v-e+f=2$。"

老头身子往前探了探，问："这火、风、土、水和宇宙 5 颗钻石，你想买哪颗?"

"宇宙。"爱克斯探长毫不犹豫地说，"我要买'宇宙'。有了宇宙，就有了世界上的一切!"

老头微微地点了点头，心想，这个买主是绝对的内行! 老头笑了笑说："货要卖给识家，宇宙宝石是这 5 颗宝石中最大、成色最好、最珍贵的一颗。你要买这颗'宇宙'，15 万美元是买不了的。"

"货再好，总有个价，你开个价吧!"爱克斯探长从口袋里掏出支票本，等着老头报价。

老头想了想说："你先给 10 万美元订金，2 天后再带 90 万美元来取货。"

爱克斯探长立刻开了一张 10 万美元的支票递了过去，站起来挥了挥手说："2 天后再见！"说完与大头参谋长走了出去。

老头手里拿着支票，皱着眉头说："这个买者到底是什么人？"两个打手也摇了摇头。正在此时，外面传来算卦人的叫声："算卦，算卦，最新科技的电脑算卦！百算百准！"

老头眼睛一亮，对打手说："把算卦的叫进来！"

科 学 算 卦

黑社会老头让打手把算卦先生叫了进来。只见算卦先生有 50 多岁，瘦高个儿，嘴唇上留着两撇小胡子，穿着深灰色的中式长衫，左手拿着一个布招牌，上面画着一个八卦，下写"科学算卦"4 个大字，右手提着一台最新式的笔记本电脑。

算卦先生在沙发上坐好，问："不知老先生想问什么？"

老头冷冷地说："我要问宇宙的前途。"

"宇宙？"算卦先生微微一怔，接着笑了笑说，"老先生好大气魄！张口就问宇宙。按照古希腊大数学家毕达哥拉斯的观点，数 10 代表宇宙。"他打开笔记本电脑，按了几下键，屏幕上立刻显示出一个算式：

$$10 = 1 + 2 + 3 + 4。$$

算卦先生指着屏幕说："这 1、2、3、4 四个数为四象，长流

208

不息的自然的根源就包含于这四象之中。整个宇宙就是由 10 种对立物所构成，它们是奇与偶，有界与无界，善与恶，左与右，一与多，雄与雌，直与曲，正方与长方，亮与暗，静与动。"算卦人这一番话把老头说得频频点头，心想，是个算卦老手。

算卦先生喝了一口水，说："既然宇宙是 10，你问宇宙的前途必然是十全十美，是极好的前程。"

老头脸上露出了笑容，他又问："宇宙能卖出去吗？"

算卦先生答："我只能算出有百分之几的可能性。"

老头点点头说："算出可能性也行。"

算卦先生在键盘上按了两下，屏幕上显示出 $x\%$。算卦先生问："x 除以 2，你希望余几？"

老头说:"一个自然数被2除。如果有余数,只能是1呀!"

算卦先生又问:"x除以3,你希望余几?"

老头说:"余2。"

算卦先生接着问:"如果x再分别除以4,除以5,你希望余几呢?"

老头答:"前一个余3,后一个余4。"

"好!"算卦先生在键盘上又按了几下,屏幕上显示出$x=59$。

"59?对吗?"老头自己心算了一下,"这个数除以2余1,除以3余2,除以4余3,除以5余4。如果给这个数加上1,变成$x+1$,它必然能够同时被2、3、4、5整除,这个$x+1$就应该是2、3、4、5的最小公倍数,是60。$x=59$,对,没错!"

算卦先生指着屏幕说:"你卖出去的可能性是百分之五十九。"

"咦——"老头倒吸了一口凉气说,"这个百分比可不高呀!"

两名打手在一旁说:"这买卖不做了。两天后他们来,咱们把他们收拾了,钱咱们留下!"

"胡说!"老头把眼睛一瞪,"有这么做买卖的吗?"他转脸对算卦先生说:"你给算算,这笔买卖怎样做,才能挣大钱?"

算卦先生又按了一下键盘,屏幕上显示出:$1 \times 2 \times 3 = 6$,$1 + 2 + 3 = 6$。

算卦先生紧皱眉头,自言自语地说:"6!做成这笔买卖一定要和 6 有关。"

"6?"老头也在琢磨这个神奇的数。突然他一拍大腿说:"我明白了,要 6 颗钻石一起卖给他们!"

一名打手提醒说:"头儿,别忘了,咱们只有火、风、土、水、宇宙 5 颗钻石!"

老头又一瞪眼,吼道:"傻子!咱们给他们搭上一颗假钻石,这颗假钻石能净挣他们几十万美元!"

另一个打手问算卦先生:"$1 \times 2 \times 3 = 6$ 和 $1 + 2 + 3 = 6$,这两个式子怎么算出来的?"

"问得好!"算卦先生称赞说,"凡事总要有个道理。什么数最完美无缺?当这个数除去它自己之外的因数之和仍然等于自己时,它才完美无缺。而最小的完美无缺的数就是 6。你们把 6 颗钻石一起卖,一定能卖成!"

"借你的吉言!谢谢算卦先生。"老头递给算卦先生 100 元酬金。

算卦先生刚出门,老头小声对一名打手说:"跟着他,看他往哪儿去!"打手答应了一声,闪身走了出去。

算卦先生在黑谷中继续向前走,一边走一边吆喝,打手在后面紧紧跟着。突然从路边走出一个壮汉,他长得又高又壮,留着络腮胡子,左眼还戴着个眼罩,右手拿着一沓钞票拦住了盯梢的打手。

壮汉低声问:"换美元吗?"

打手正急于跟踪算命先生,哪儿有工夫和他换美元,打于摆摆手说："不换！"

壮汉一把拉住打手，急切地说："我愿出高价和你换，我有急用！"

打手一瞪眼，恶狠狠地说："你等着急用，我还有急事呢！快躲开，别找不自在！"

壮汉也提高了嗓门儿，说："不换就不换，你横什么？"

"我横？我还打你哪！"打手伸出右拳来了个"黑虎掏心"。

"跟我玩几手！"壮汉闪身躲过来拳，抬起左腿照着打手的前胸就是一脚，"噔、噔、噔"，打手一连退了3步，"扑通"一屁股坐在了地上。打手哪吃过这亏，从地上跳起来就和壮汉打在了一起。可是他哪里是壮汉的对手，几个回合下来，已经是鼻肿眼青了。打手再一看，算卦先生早已不知去向。

打手指着壮汉说："好样的，你在这儿等着!"然后撒腿就往回跑。

壮汉摘下眼罩"哈哈"大笑。这个壮汉到底是谁呢?

开 箱 密 码

你知道这个戴眼罩的壮汉是谁吗? 他正是炮兵团长。爱克斯探长让小胡子将军化装成算卦先生，去安抚住黑社会老头，又让炮兵团长化装成独眼壮汉去截住跟踪小胡子将军的打手，看来一切进行得都很顺利。

黑社会老头倒背双手在屋里转着圈儿。在做成一笔大买卖之前，他总要绞尽脑汁盘算。刚才算卦先生的吉言，给他增添了不少信心，他觉得这笔非洲钻石买卖可以做成，可以赚大钱!

两天过去了，爱克斯探长和大头参谋长如期来到黑谷131号。大头参谋长手里提着一个大号密码箱，不用问，那是满满一箱子美元。

老头微笑着冲爱克斯探长点了点头，说："上次给我那张10万美元的支票，我怎么取不出钱来?"

爱克斯探长一拍大腿说："嘿! 我忘记告诉你密码了，我现在告诉你。"

老头一摆手说："不必啦，咱们还是一手交现金，一手交货吧！带现金了吗?"

爱克斯探长指了指密码箱，说："我带的钱有富余，货呢?"

老头从桌子底下也拿出一个密码箱，把箱子往桌上一放："6颗钻石都在里面。"

爱克斯探长一皱眉头问："这组非洲钻石只有火、风、土、水、宇宙一共5颗呀！怎么变成6颗了?"

老头"哈哈"大笑："看你对钻石是个行家，我把一颗名叫'皇后'的稀世珍宝也一同卖给你，6颗钻石120万美元，便宜你啦!"

爱克斯探长点燃他那大烟斗，吸了一口烟，吐出一串烟圈儿："只要货好，有多少我都要。"

"痛快!"老头把密码箱往爱克斯探长面前推了推。

爱克斯探长一伸手，问："密码?"

老头递给他一张卡片，卡片上写着：

一串数按下面规律排列：

1, 2, 3, 2, 3, 4, 3, 4, 5, 4, 5, 6……

从左边第一个数数起，数100个数，这100个数之和就是开箱密码。

大头参谋长伸长了脖子认真看这张密码卡片，他自言自语地说："要数100个数，这第100个数是几呀?"

爱克斯探长认真观察卡片上这串数，突然他拿出钢笔在这些数中画了许多括号：

　　（1，2，3），（2，3，4），（3，4，5），（4，5，6）……

　　大头参谋长一拍大腿说："这括号加得真妙！3个数一组，每组第一个数依次是1，2，3，4……想求第100个数只要做个除法就有了：100÷3＝33……1。说明从第一个数到第99个数，正好是33个括号，最后一个括号的3个数必然是（33，34，35），而第100个数是第34个括号里的第一个数，必然是34。"

　　爱克斯探长满意地点了点头。老头干笑了两声说："这位保镖，不仅武艺高强，数学也不错呀！"

　　大头参谋长皱着眉头问："可是这个和怎么算呢？"

　　爱克斯探长提示说："每一个括号里的数都是相邻的自然数，这3个数的和是容易求的。"

　　"对。"大头参谋长开了窍，他说，"每一组3个数之和等于中间一个数的3倍。这样，前100个数的和，等于：

$$2 \times 3 + 3 \times 3 + 4 \times 3 + \cdots + 34 \times 3 + 34$$

$$= (2 + 3 + 4 + \cdots + 34) \times 3 + 34$$

$$= \frac{2 + 34}{2} \times 33 \times 3 + 34$$

$$= 1816。$$

老板，密码是1816。"

大头参谋长拿过密码箱，刚要按动密码开箱，老头一举手说："慢！你们要看我的钻石，我也要验你们的美元，请把你们的密码箱和开箱密码给我。"

大头参谋长把自己带的密码箱递了过去，而爱克斯探长扔过去一张密码卡片。

老头接过密码卡片一看，不禁倒吸了一口凉气。他咬着牙根说："你是想把我转糊涂了，没门儿。"

卡片上是这样写的：

下图是一条转圈儿折线，图上的标号表示折线的段数，每段长可以从小方格中读出。密码是第 1995 段线段的长度。

```
              ┌────┐
              │ 12 │
              ├────┤
              │ 8  │
              ├────┤
              │ 4  │
      ┌──┬──┬─┼────┼──┬──┬────┐
      │9 │5 │1│    │3 │7 │ 11 │
      └──┴──┴─┼────┼──┴──┴────┘
              │ 2  │
              ├────┤
              │ 6  │
              ├────┤
              │ 10 │
              └────┘
```

老头两只眼珠乱转，他在琢磨着解法。突然，他一拍大腿说："有啦！可以把这些段数分为两类：单数段和双数段。先看双数段 2、4、6、8 段，它们的长度分别是 1、2、3、4，也就是说它们的长度是段数的一半。"

"高，实在是高！"几名黑帮打手一齐竖起大拇指夸奖老头。

老头十分得意，他继续解算密码："而第 1 段比第 2 段长 1，第 3 段比第 4 段长 1，总之，每个奇数段都比它大 1 号的偶数段长出 1 来。1995 段是奇数段，它的长度是 1996 ÷ 2 + 1 = 998 + 1 = 999。哈，密码是 999！"

老头迫不及待地按动密码，"吧嗒"一声，箱子开了一条缝儿，"呼"地从箱子里冒出一股白烟。"啊！"匪徒们大叫了一声。

弹 子 游 戏

黑帮老头刚刚打开密码箱，突然从箱中冒出一股白烟，老头和他的几名打手闻到这股白烟纷纷倒地，不省人事。

"哈哈，他们都倒了！"大头参谋长向门外一招手，进来几名士兵给老头和几名打手戴上手铐。

"我来看看这 6 颗钻石。"说着大头参谋长就要按动密码。

"慢！"爱克斯探长赶忙拦住了他。爱克斯探长说，"我怀疑这密码箱里装的根本不是钻石，而是炸弹！"

大头参谋长"嘿嘿"一笑，说："他也跟咱们学？"他打电话请来了爆破专家。经专家拆卸，发现箱里装的是爆炸力极强的定向炸弹。

钻石藏在什么地方呢？

爱克斯探长和大头参谋长开始搜查。大头参谋长在一幅画的后面发现一个红色电钮。翻过画来，看见画的后面有两行算式：

$$a \mathbin{\mathord{\text{☆}}} b = a \times b - (a + b)$$

$$(3 \mathbin{\mathord{\text{☆}}} 4) \mathbin{\mathord{\text{☆}}} 5 =$$

大头参谋长指着这两行算式问爱克斯探长："这是什么怪算式，怎么里面还有五角星？"

爱克斯探长仔细看了看，说："这恐怕是找到非洲钻石的关键！这个五角星表示钻石的光彩，而第一行算式定义了关于五角星的一种运算。"

"关于五角星的一种运算？"大头参谋长摸着自己的大脑袋，已经不知道哪边是北了。

爱克斯探长解释道："$a \star b$ 定义了这样一种新运算：a 和 b 先做乘法，减去 a 与 b 的和。按照这种新运算可以计算出 $(3 \star 4) \star 5$ 的值来。"

"噢，我明白了。"大头参谋长可是个明白人，他懂得了其中的道理就会计算：

$$3 \star 4 = 3 \times 4 - (3 + 4) = 12 - 7 = 5,$$

$$(3 \star 4) \star 5 = 5 \star 5 = 5 \times 5 - (5 + 5) = 25 - 10 = 15。$$

大头参谋长问："这 15 是不是表示按 15 下红色电钮？"

"你试试看。"爱克斯探长点了点头。

当大头参谋长按到第 15 下时，一块地面砖忽然升了起来，在地砖下面有一个铁盒，打开铁盒发现 5 颗非洲钻石都在里面。

爱克斯探长微笑着说："我来黑谷要破的第一个案子告一段落了。"

大头参谋长忙问："那第二个案子又是什么？"

"第二个案子嘛——黑谷里藏着一个暗杀集团，只要你肯出高价，你让他杀谁都成。"爱克斯探长说，"他们已经暗杀了好几名军政要人，听说下一个目标是暗杀一位司令官！"

"这个司令官会不会是我啊?"小胡子将军拿着算卦的布幌子走了进来。

　　大头参谋长"哈哈"大笑说:"天下那么多司令官,怎么会是你哪!"

　　爱克斯探长却严肃地说:"你有什么理由说他们想暗杀的不是小胡子将军呢?"

　　"这……"大头参谋长被问住了。

　　"报告!"从外面走进一名司令部的卫兵,他对小胡子将军说,"友谊城驻军司令来电话,请您今天晚上去友谊城赴宴。"

　　小胡子将军笑呵呵地说:"老朋友又想我了,晚上我一定去!"

　　"慢着!"大头参谋长瞪大了眼睛说,"去友谊城必然要经过黑谷,暗杀集团正要杀一名司令官,这多危险哪!"

　　小胡子将军也倒吸了一口凉气,他皱起眉头说:"也不能怕被别人暗杀,就不去会见老朋友啊!这要让人家知道,还不叫人耻笑?"

　　爱克斯探长建议:"宴会还要准时去,咱们先去黑谷侦察一下,看有什么异常没有!"

　　爱克斯探长和大头参谋长在黑谷中闲逛。突然发现有一群人围着一台机器在看,一个中年人在机器前忙碌着接什么东西。

　　大头参谋长跑过去挤进人群一看,是在玩弹子游戏。一台机

220

器中间有一个小孔，从小孔可以弹出红色、黄色、绿色、黑色、白色共5种颜色的弹子，孔上有一个计数器，表明弹出的弹子数目。当你玩游戏时，中年人问你弹出的第几个弹子是什么颜色，如果你答对了会赢得一笔钱；如果说错了，你要给他钱。不少人在玩，总是赢钱的少，输钱的多。

大头参谋长也来了兴趣，他大声说："我要玩就玩个大的，我押上1000元！"

中年人满脸堆笑地说："欢迎、欢迎，我问你弹出的第199个弹子是什么颜色？"

大头参谋长问："你弹出的弹子有什么规律吗？"

中年人竖起大拇指称赞说："是内行！我的机器弹出的弹子是有规律的，先出5个红色的，再出4个黄色的，接下去是3个绿色的，2个黑色的，1个白色的，完了又是5个红色的……这样循环着出。"

"这就好！"大头参谋长说，"5＋4＋3＋2＋1＝15，说明15个弹子是一个周期。你让我猜第199个弹子是什么颜色，只需要做个除法：

$$199÷15＝13……4。$$

说明从第一个红色弹子开始，循环了13次之后又弹出了4个弹子，而前5个弹子都是红色的，因此这第199个弹子一定是红色的。"

中年人说："咱们还是做一次试试，看看你说的对不对。"说完他就按动电钮，机器的小孔飞快地向外弹出各种颜色的弹子。正在这个时候，小胡子将军的汽车恰好从这儿过，中年人飞快地按了一下电钮，爱克斯探长大喊一声："不好！"拿着烟斗飞奔过去。说时迟，那时快，只听"砰"的一响，一颗子弹从小孔中飞出，朝着小胡子将军的汽车飞去。

特 殊 审 讯

小胡子将军乘车去友谊城赴宴，路经黑谷时一颗子弹从弹子机中飞出，直奔汽车射去。爱克斯探长飞奔过去，伸手用烟斗一挡，只听"当"的一响，烟斗把子弹接住了。

这边大头参谋长一个"扫堂腿"，把那个中年人摔了个嘴啃泥，再把他的双手扭到后面戴上手铐。大头参谋长抬腿踢了中年人一脚，说："抓住一个暗杀集团的成员！"他扭头找爱克斯探长，发现爱克斯探长正在专心地看他的大烟斗。

大头参谋长知道这个大烟斗是爱克斯探长的心爱之物，忙问："怎么样？烟斗打坏了吗？"

爱克斯探长摇摇头说："没事儿！"说着往烟斗里填了一把烟丝，用打火机点上火，猛地吸了一口。

大头参谋长十分奇怪，他拿过烟斗左看看，右瞧瞧："子弹怎么没把你的烟斗打穿呢？"

爱克斯探长神秘地一笑，说："我在烟斗里装了一层特殊的衬，子弹是打不穿的。好了，咱们赶快审讯吧！"

审讯开始，这个暗杀集团的成员十分顽固，从一开始就一言不发。不管你问什么，他都只往纸上写。

爱克斯探长问："你们暗杀集团的总部设在哪里？"

他写道："在黑谷。门牌号码等于下面 6 个方框中数字的总和。"

$$
\begin{array}{r}
\square\square\square \\
+\ \square\square\square \\
\hline
1\ 9\ 9\ 6
\end{array}
$$

大头参谋长来火了，他指着中年人的鼻子叫道："你是罪犯！你不是数学教师！你怎么敢出题考我们？"

中年人轻蔑地一笑，在纸上写道："我怕你们是弱智！"

大头参谋长动怒了，他跑过去就要动武，爱克斯探长赶忙拦住了他。爱克斯探长微笑着说："这种特殊的审讯多么有趣！他想考考咱们是否弱智，就让他考嘛！你要谁回答这个问题？"

中年人指指大头参谋长。

大头参谋长"啪"地一拍桌子，叫道："你这是报复！你想用这个问题难住我？没门儿！"

大头参谋长开始解答："$1996 \div 2 = 998$，说明被加数和加数的平均数为998，由于加数和被加数都是三位数，因此它们最大的数不能超过999，而 $1996 - 999 = 997$，所以最小的数又不能小于997。"

大头参谋长见爱克斯探长微笑着点了点头，信心十足地说："我算出来了！加数和被加数的百位上数字和十位上数字都必须是9，而个位数字之和是16。这样一来，数字之和是 $9 \times 4 + 16 = 52$，对！在黑谷52号！"

"好！"爱克斯探长叫了一声好，接着又问，"你们暗杀集团的头儿是谁？"

中年人先画了一个人头，在人头旁边写了一个大大的 x，接着写道："将1、2、3、4、5、6、7、8这8个数分成3组，这3组数的和互不相等，而且最大的和是最小的和的2倍。最小的和是 x，x 是个自然数。"他写完朝炮兵团长一指，意思是让炮兵团长来解。

炮兵团长看着他画的人头直发愣。炮兵团长小声嘀咕说："画个秃头是什么意思？先不管这个秃子，把 x 算出来再说。从 1 加到 8 其和是 36，把最小的和看作是 1 份，最大的和就是 2 份，而中间的一组的和比 1 份多，比 2 份少，3 组加起来是 4 份多。"做到这里他做不下去了。炮兵团长倒背着双手在屋里来回走了两趟。

突然，炮兵团长双手一拍说："有啦！既然 x 是最小的和，它一定比 36 的 $\frac{1}{4}$ 小，比 36 的 $\frac{1}{5}$ 大！"

大头参谋长问："x 比 36 的 $\frac{1}{4}$ 小我明白，可是为什么要比 36 的 $\frac{1}{5}$ 大呢？"

炮兵团长解释说："如果最小的和比 36 的 $\frac{1}{5}$ 小，那么最大的和要比 $\frac{2}{5}$ 小，由于 3 组的和要等于 1，这样中间一组的和就要大于 $\frac{2}{5}$，比最大的和还要大！这哪儿成？"

大头参谋长点点头说："说得有理！"

炮兵团长接着分析："36 的 $\frac{1}{4}$ 是 9，36 的 $\frac{1}{5}$ 是 7.2，因此 x 只能取 8，在秃头旁边写一个 8 又是什么意思呢？"审讯室内一片沉寂。

"秃头八爷!"炮兵团长兴奋地说,"一定是前几年在这一带猖狂活动的土匪头子——秃头八爷。"

小胡子将军推门走了进来,他说:"秃头八爷?他可好几年没露面了。怎么,他现在专门搞暗杀啦!"

大头参谋长问:"司令,你不是去友谊城赴宴了吗?怎么这样快就回来了?"

"赴宴?人家根本就没有请我!"小胡子将军一屁股坐在沙发上,生气地说,"我看是暗杀集团搞的鬼!"

爱克斯探长问那个中年人:"你们要暗杀的司令官是不是小胡子将军?"中年人点了点头。

爱克斯探长又问:"你们为什么要暗杀小胡子将军?"

中年人在纸上写道:"因为他和你一起想捣毁黑谷,黑谷的人花大价钱请我们除掉小胡子将军!"

爱克斯探长笑了笑,问:"你们暗杀的下一个目标是不是该我了?"

中年人写道:"你有先见之明。"

小胡子将军站起来说:"我早知道黑谷这群坏蛋不会束手待擒的。走,咱们去会会这位秃头八爷!"

爱克斯探长阻拦说:"慢!这位秃头八爷早有准备,怕不好见到,咱们必须这样……"

秃 头 八 爷

秃头八爷是暗杀集团的头头，此人心狠手毒，枪法极好，黑道上的人都怕他三分。秃头八爷行动十分诡秘，一天换三个地方，很难找到他。

一天，黑谷的街心广场贴着一张大告示，上写：

今抓到暗杀集团的一名骨干成员，定于明天中午12点在街心广场就地正法。

和平城驻军司令小胡子将军

告示一贴，引来许多围观的人。人群中一个又瘦又小的人，看完告示，倒吸一口凉气，掉头挤出人群，一溜烟似的跑了。

这个人外号叫"长尾瘦猴"，是秃头八爷手下的得力干将。"长尾"是形容他触角伸得特别长，他四处乱窜，收集情报；"瘦猴"是指他的长相。长尾瘦猴走进一家电脑商店，打开一台电脑，按了几下键，里面的售货员冲他点了点头，他就进入了一间密室。

秃头八爷正和他的军师——"赛诸葛"在商量着什么。长尾瘦猴把告示的内容说了一遍。秃头八爷站起来"啪"地拍了一下桌子，恶狠狠地说："想在众目睽睽之下枪毙我的人，这不是成心羞辱我吗！不成，明天咱们去劫刑场！"

赛诸葛在一旁插话，说："古人云'小不忍则乱大谋'。我劝八爷忍一忍，要留神上当!"

"公开枪毙我的手下，而且是在黑谷的中心广场，当着黑谷那么多朋友，这口气你叫我怎么咽？"秃头八爷越说越激动，锃亮的光头上已经渗出了汗珠。

赛诸葛知道秃头八爷正在火头上，谁来劝说也没用，他就和秃头八爷策划了一个劫刑场的方案。赛诸葛强调一定要找一条防备最弱的道路冲进去。为了找到这条道路，秃头八爷特派长尾瘦猴去街心广场作先期侦察。

不一会儿，长尾瘦猴慌慌张张地跑了回来。他报告说："八爷，不好啦！法场上有上尉、中尉、少尉；有拿机枪的，有拿轻型火箭炮的，有骑摩托车的。"

"什么乱七八糟的，你都把我说糊涂了。"秃头八爷把桌子上的一杯水向长尾瘦猴面前一推说，"喝口水慢慢说。"

长尾瘦猴一仰脖"咕咚、咕咚"把一大杯水灌进了肚，又抹了一把头上的汗，说："是这么回事，守卫刑场的有三种不同的部队——机枪连、火炮连和摩托化连。"

秃头八爷点点头说："嗯，小胡子将军不愧是打仗的出身。机枪连专门用来对付近处的敌人，火炮连对付远处的敌人最有效，等敌人撤退下去，他的摩托化连就能火速追上去。一共有多少人？"

"有9名军官守卫。3个连各派了1名上尉、1名中尉、1名少尉。"

"什么意思？"秃头八爷有点纳闷儿。

赛诸葛解释说："我听说这些军官是技术高手，1个顶10个。为了便于指挥，派了级别不同的军官。不过……智者千虑，必有一失呀！"

秃头八爷忙问："他们失在何处？"

赛诸葛没有回答秃头八爷的问题，转身对长尾瘦猴说："你去找一条道，在这条道上或者有两名拿同样武器的军官，或者有两名级别相同的军官。这条道就是我们要找的道。"

秃头八爷摇晃着大脑袋问："什么道理？"

赛诸葛不慌不忙地解释说："你想啊！如果在一条道上有两

个用火箭炮的，这条道打远处有优势，而打近处就不成了。如果我们迂回前进，尽量靠近他们，在近处来个突然袭击，两个拿火箭炮的军官就无能为力了！"

秀头八爷点了点头。他又问："有两名级别相同的军官又有什么关系呢？"

赛诸葛"嘿嘿"一笑，说："您再想啊！每个连只派了3名不同级别的军官，一条道上如果有两名军官，他俩必然不属于同一个连，打起仗来谁领导谁呀？非乱了套不成！"

长尾瘦猴一挑大拇指说："军师实在是高！分析得入情入理，我去找出这条道路。"说完"噌"的一声蹿了出去。

这次等了足有一个小时也不见长尾瘦猴回来，急得秀头八爷在屋里来回转圈子。

"没有这么一条道！"声到人到，长尾瘦猴又蹿了回来。

"怎么可能没有？"赛诸葛不信。

"不信？不信我把守卫图画给你看。"长尾瘦猴画了一张图递给了赛诸葛。

八爷问："横着的3行有没有符合要求的？"

军师摇了摇头说："没有。每一行都是来自不同连的3名有不同级别的军官。"

机枪	火箭炮	摩托车
上尉	少尉	中尉
火箭炮	摩托车	机枪
中尉	上尉	少尉
摩托车	机枪	火箭炮
少尉	中尉	上尉

八爷又问："竖着的3列哪?"

军师说："也没有。这种奇特的阵势,我看小胡子将军是摆不出来的!"

秃头八爷皱着眉头问:"这么说是爱克斯探长帮他们布的阵?"

赛诸葛点点头,说:"很有可能!"

秃头八爷拍了拍腰上挎着的两支大号手枪,高声叫道:"就是他布的刀山火海,八爷我也要闯它一闯! 走!"说完他扭身就往外走。

"且慢!"赛诸葛叫住了秃头八爷。他高兴地说,"有门儿! 八爷你看,这斜着的两行对角线有问题。一条对角线上全都由上尉守卫,另一条对角线上全是骑摩托车的。"

"好! 咱们就去冲击他们的两条对角线!"说完秃头八爷带领暗杀集团的一帮匪徒直奔黑谷的街心广场,准备劫法场。

刑 场 大 战

"秃头八爷"带领暗杀集团的一帮匪徒直奔黑谷的街心广场，见到刑场上9名尉官排成3×3的方阵，有的拿着机枪、有的扛着火箭炮、有的骑着摩托车，正严阵以待，气氛十分紧张。

突然，人群发生骚乱，3辆大卡车驶进了刑场。前、后两辆卡车上跳下几十名士兵，他们把刑场围了起来，中间一辆卡车里押着那个玩弹子的中年人。秃头八爷、赛诸葛、长尾瘦猴，混在人群中等待时机。

3声炮响，士兵把犯人押上行刑台。秃头八爷一看时机已到，亮出手枪大喊一声："冲啊！"匪徒们纷纷掏出武器，向刑场内冲。3名端机枪的尉官向匪徒猛烈扫射，几名匪徒中弹倒地。

赛诸葛忙对秃头八爷说："不能硬冲，要冲击他的对角防线！"

秃头八爷也明白过来了，他大喊："弟兄们，朝有3辆摩托车的方向冲！"这一招儿果然见效，有一挺机枪扫不着他们了。眼看匪徒就要冲进刑场，小胡子将军有点坐不住了。他问："探长先生，怎么办？"爱克斯探长微微一笑，回头对大头参谋长点点头。大头参谋长把手中的红旗一摆，只见围着刑场的士兵迅速跑进方阵中。秃头八爷再定睛一看，方阵变成另外一种模样。虽说还是3×3的方阵，但是每个方格里面的人数却不同，而且人数是由 1～17 里的所有奇数组成。

匪徒们再沿着对角线往里冲就不成了，火力加大了许多，打得匪徒抬不起头来。赛诸葛忙对秃头八爷说："慢着！现在冲击对角线已经没用了。"

11	1	15
13	9	5
3	17	7

秃头八爷瞪着一双充满血丝的眼睛，问："为什么?"

赛诸葛回答："这个方阵非常特殊，不管你横着加，还是竖着加，还是斜着按对角线相加，其和都相等。"

秃头八爷一算，果然都等于27。他嚷嚷道："他们人数增多，武器配备又作了调整，各方向的人数都一样，这怎么往里冲啊?"

赛诸葛眼珠一转，小声对秃头八爷说："识时务者为俊杰，现在硬拼是不成的。"

秃头八爷问："你的意思是……"

"三十六计走为上!"赛诸葛说完掉头就要跑。

"站住!"秃头八爷一把揪住赛诸葛的衣领，咬牙切齿地说，"我秃头八爷不是孬种!你敢临阵脱逃，我就枪毙了你!"

赛诸葛知道秃头八爷杀红了眼，谁的话他也听不进去。他也只好跟着匪徒们往里冲，冲到一半，他趁人不注意转头就溜了。

秃头八爷带着匪徒继续往里冲，不管他往哪里冲，受到的火力攻击都是同样的猛烈，死伤十分惨重。匪徒们也不再听从秃头八爷的指挥而四散逃窜。此时，大头参谋长把手中的红旗一摆，方阵里的士兵一齐冲了出来，把秃头八爷和残余匪徒全部抓获。清点战俘时发现少了赛诸葛，爱克斯探长紧皱双眉，口中喃喃地说："让赛诸葛跑了必然留下后患，此人诡计多端，阴险毒辣。咱们要立即提审秃头八爷，找到他的下落！"

小胡子将军摇摇头："秃头八爷很讲江湖义气，他不会轻易告诉你赛诸葛的下落。"

爱克斯探长笑了笑说："秃头八爷毕竟是一介勇夫，一名杀手，没有什么谋略，看我来对付他。"

士兵把秃头八爷押了上来，他虽然戴着手铐、脚镣，心里可是一百八十个不服，他又喊又叫，十分猖狂。他叫喊说："爱克斯探长，你弄了个什么破阵，让我上了你的大当！这不算能耐，你有本事来个枪对枪、炮对炮，来点真格的，凭我八爷的枪法，一枪就送你上西天去！你信不信？"

"信也好，不信也好。"爱克斯探长用手指指着秃头八爷的鼻子说，"真正让你上当的不是我。"

秃头八爷两眼一瞪，问："不是你又是谁？"

爱克斯探长招招手说："我带你清点一下你的部下，看看少了什么人？"

秃头八爷认真地查看了被俘的和被打死的匪徒，他突然叫道："怎么不见赛诸葛了？往里冲时我还看见他在我的后面哪！"

"问题就出在这儿！"爱克斯探长严肃地问，"整个劫刑场的计划是不是赛诸葛制订的?"

秃头八爷点点头说:"是。"

爱克斯探长又问:"如何攻击方阵的主意是不是他出的?"

秃头八爷又点了点头。

爱克斯探长厉声问道:"为什么你和其他人有的被杀、有的被俘,而偏偏他却逃跑了?"说完从怀中取出一封信,递给了秃头八爷。

秃头八爷看完信,大叫一声,平地蹿起三尺高。

以 毒 攻 毒

秃头八爷接过爱克斯探长手中的信,发现这是赛诸葛写给爱克斯探长的一封密信。信中写道:

伟大的、我最崇拜的探长先生:

明天我会安排秃头老贼去劫刑场,我让他冲击军官方阵的对角线。请您变换方阵、增加方阵人数,先消灭秃头老贼的实力,然后再围剿他的残余,活捉老贼!

如能按我的计划来办,定能成功!

赛诸葛拜

"呜哇……"秃头八爷大叫一声,把信"嚓嚓"撕成碎片,用力摔到地上。他愤怒极了,"好个赛诸葛,你敢称老子为秃头老贼! 还把我给卖了! 我要抓住你,非把你千刀万剐不可! 走,跟我去抓这小子!"

大头参谋长、炮兵团长和秃头八爷同乘一辆吉普车在前面开路,爱克斯探长和小胡子将军带着两名士兵乘另一辆吉普车跟在后面,车子向北边的大山飞速开去。车子沿着盘山公路往上开,在一个小山洞前停了下来。秃头八爷说要进洞取点东西,大头参谋长和炮兵团长押着他走进了山洞。没过多会儿,他们走出洞来,炮兵团长手里还拿着一块竹片。

小胡子将军接过竹片一看,只见上面写着:

我在黑谷△△△号,$10 = △ + △ + △$。

"什么意思?"小胡子将军摇了摇头,把竹片递给了爱克斯探长。炮兵团长说:"我认为赛诸葛藏在黑谷 333 号。"

大头参谋长问:"根据什么?"

"这不是明摆着的!"炮兵团长说,"三角形的第一个字是 3,而 3 个三角形连在一起,不就是 333 吗?"

大头参谋长忍不住"扑哧"一笑,说:"真有你的!你只顾三角形蕴含有 3,可是你忘了这 3 个三角形相加还要等于 10 哪!3 + 3 + 3 = 9,不等于 10!"

"这就怪了。"显然炮兵团长想得不对。他喃喃自语地说,"三角形不和 3 发生关系,又可能和谁有关系呢?"

"它可以和别的数有联系。"爱克斯探长吸了一口烟斗说,"古希腊有个毕达哥拉斯,他发明了三角形数,他是用小石子来摆三角形数的。"说着爱克斯探长拣了几个小石子,在地上摆了起来。

爱克斯探长指着摆好的 3 个三角形数,说:"你们看前 3 个三角形数的和是多少?"

1   3   6

炮兵团长抢先说:"嘿,恰好等于 10,看来竹片上画的 3 个三角形就是 3 个三角形数,赛诸葛就藏在黑谷 136 号!走,快去抓!"

"慢。"爱克斯探长拦住了炮兵团长,说,"这 3 个三角形数你知道哪个在前,哪个在后?你怎么肯定小数在前,大数在后?1、3、6 三个数的排列可不止 136 这一种。"

"136、316、613，还有吗?"炮兵团长掰着指头一个一个地数。

大头参谋长把嘴一撇，说："像你这样数，能数全吗? 排数字要讲究规律，先让数 1 排在最前面不动，3 和 6 交换位置，得 136，163；再让 3 在前面，得 316，361；最后再让 6 在前面，又得到 613，631，合在一起共有 6 种不同的排法。"

爱克斯探长猛然吸了一口烟，用手指点着秃头八爷的鼻子问："你真的相信赛诸葛藏在黑谷?"

秃头八爷摇摇脑袋说："不会! 如果他真的藏在黑谷，我带你们来北山干什么? 赛诸葛十分狡猾，他说东做西，指南打北。他一定躲在山上的某个洞穴里，走，我带你们去搜!"

秃头八爷沿着盘山路快步往上走，爱克斯探长等一行人紧跟在后面。走着走着秃头八爷突然停了下来，他指着半山腰一个缸口大小的洞口，说："进这里看看!"说完他像壁虎一样，徒手"噌噌"沿着陡峭的山壁往上爬。

小胡子将军倒吸一口凉气："好功夫! 这是难得一见的壁虎功。我来跟上他!"说完小胡子将军也施展出壁虎功跟在后面往上爬。

"不好! 小胡子将军一个人跟上去有危险!"爱克斯探长话声未落，只见秃头八爷用力蹬掉一块大石头，大石头沿着山坡"咕噜噜"直朝小胡子将军的脑袋砸来。好个小胡子将军，像翻牌一样，身体紧贴着山壁"啪、啪、啪"连翻了三次，大石头擦着身边滚了下去。

众人抬头再看秃头八爷，他已经爬到了洞口。他回头冲大家一笑说："一群笨蛋，我自己找赛诸葛算账去喽！"说完"哧溜"一声就钻进了山洞。

炮兵团长在下面急得又蹦又跳："糟啦！秃头八爷跑了！"

大头参谋长问爱克斯探长："怎么办？"

爱克斯探长吸了一口烟，笑了笑说："秃头八爷跑了更好，秃头八爷和赛诸葛会互相残杀，这叫做'以毒攻毒'！"

马跳"日"字

秃头八爷钻山洞跑了。爱克斯探长并不着急，他笑笑："走，咱们上去看看热闹！"汽车沿着山路往上开。

突然，大头参谋长指着山间一块平台小声说："快看！"大家顺着大头参谋长所指的方向一看，都吓了一跳。只见秃头八爷和赛诸葛面对面地坐在一起，正在下象棋。

"奇怪啦！大兵压境，他们俩在这儿下上象棋了。"大头参谋长有点纳闷儿。他实在憋不住，偷偷地溜了过去，躲在一棵大树的后面，看他俩下棋。他们俩下的象棋可真怪，在象棋盘的一角写着一个"活"字，只有一个棋子"马"。他俩的右手旁边各放着一支手枪，不用问他俩是在玩命哪！

秃头八爷拿起"马"问："走几步？"

　　赛诸葛一伸左手："5步！"

　　"一、二、三、四、五。"秃头八爷从"活"字出发连跳5步却没有跳回到"活"字。

　　"一、二、三、四、五。"秃头八爷又跳了一遍，还是没有跳回到"活"字。

　　赛诸葛拿起手枪问道："你认输了吧？"

　　"不，不。"秃头八爷摇摇脑袋说，"你让我走的步数太少，多几步我就可以走回到'活'字。"

　　"嘿嘿"，赛诸葛一阵冷笑，"好吧，我让你走25步，怎么样？"

　　"25步足够了！"秃头八爷满怀信心地又在棋盘上跳起"马"来。跳了足有5分钟，还是没有跳回到"活"字。

赛诸葛用手枪顶住秃头八爷的脑袋，问："现在你还有什么可说的?"

秃头八爷瞪着一双大眼睛，叫喊说："你再让我多走几步，我就能跳回到'活'字!"

"怕等不及了。"赛诸葛一指远处的爱克斯探长说，"即使我能等，人家可等不了!"

秃头八爷把胸脯一拍，说："八爷死倒是不怕! 可是死要死个明白。你先告诉我，为什么我的'马'总跳不回到'活'字?"

赛诸葛指着藏在树后的大头参谋长，问："大脑袋参谋长，你能说出其中的道理吗?"

大头参谋长也说不出其中的道理，他赶紧一猫腰快步回到爱克斯探长的身边，向爱克斯探长汇报了他俩下的怪棋。

爱克斯探长想了一下，说："看来不把这个谜底揭穿，这场搏斗也不会结束。"他向前走了几步，大声说道："喂，秃头八爷听着，'马'从'活'字起跳，只要跳奇数次，永远也别想再跳回到'活'字!"

秃头八爷把脖子一歪，问："为什么?"

"你想啊!"爱克斯探长解释说，"你可以在棋盘上间隔地写上'活'和'死'，'马'跳'日'字，你从'活'字出发，下一步必然跳到'死'字上;

再从'死'字起跳，下一步必然跳到'活'字上。就这样'活'—'死'—'活'—'死'，你跳奇数次必然跳到'死'字上，不可能跳到任何一个'活'字上，更别说再跳回到出发点的'活'字上了！"

"啊！"秃头八爷大叫一声说，"好个赛诸葛，你是做好了死扣让我往里钻。你让我走奇数步，我不管走多少步也是必死无疑呀！"

赛诸葛冷笑了一声，说："可惜你现在明白已经晚了。你乖乖地听我话，我把你交给爱克斯探长，他会将功赎罪把我放了，而把你毙了！"

秃头八爷大叫一声："美死你了！"突然听到"砰""砰"两声枪响，"咕咚""咕咚"秃头八爷和赛诸葛双双倒在了地上。大头参谋长跑过去一摸："都没气啦！"原来赛诸葛对着秃头八爷脑袋开枪的同时，秃头八爷对着赛诸葛的肚子也开了一枪，结果两人同时倒地。

小胡子将军点点头说："好！以毒攻毒，一箭双雕。爱克斯探长果然棋高一招，没费一枪一弹，就把两个坏蛋消灭了！"

爱克斯探长却没显出高兴的样子，他低着头自言自语地说："黑谷中败类还没有清除干净，战斗还没有结束！"

突然，一辆警车飞驰而至，一名警官跳下车来向小胡子将军行了一个军礼，报告说："报告司令，城里银行被抢！"

"什么？银行被抢！匪徒抓住了吗?"小胡子将军焦急地询问。

警官回答道："三名匪徒，击毙一名，活捉一名，逃跑一名。"

小胡子将军又问："钱被抢走了吗?"

"逃走的匪徒拿走了一千多万元。"

"啊！抢走这么多钱!"小胡子将军一拉爱克斯探长说，"快回城，一定要把钱追回来!"

老 K 集 团

小胡子将军一行人急速赶回城里，到达司令部连水也没喝一口，立即提审被抓的匪徒。这名匪徒长得又矮又瘦，面色很黄，一看就知道此人长期缺乏睡眠。

小胡子将军问："你们为什么要抢银行?"

匪徒回答："赌钱赌输啦!"

小胡子将军又问："你叫什么名字?"

匪徒回答："黄皮张三。"

爱克斯探长站起来围着黄皮张三转了一圈儿，问："你们经常在什么地方赌博？一般有多少人?"

黄皮张三微微抬头看了一眼，小声回答说："回长官的话，我们总在黑谷街8号玩，一般嘛……有个十几个人，嘿，都是些

243

小打小闹。"

"什么？小打小闹！"炮兵团长瞪大眼睛叫道，"抢走了一千多万元，还是小打小闹，你们要是大打大闹，那要抢多少钱才够用？你们可真是无法无天哪！"

"唉！"黄皮张三叹了一口气说，"如果就是我们哥们儿几个玩，也用不了多少钱。最近黑谷来了一个'老K集团'，他们每次下的赌注极大，没玩两天就输给他们几百万元。我们还不起债，他们就用枪逼着我们去抢银行。我们几个人商量，抢银行会被你们打死；不抢银行会被老K集团打死，反正活不了。"说完黄皮张三"呜呜"地哭了起来。

爱克斯探长摇摇头说："不对呀！你们都是赌博老手，怎么会输给他们哪？"

"唉哟！你们可不知道。"黄皮张三说，"老K集团个个精于算计，我们数学不好，算不过他们，不信你们和他们过过手，肯定也要输！"

炮兵团长"啪"地一拍桌子，叫道："胡说！我们都是堂堂政府官员，怎么能去赌博？"

爱克斯探长在一旁说："为什么不去玩玩呢？你带我去黑谷街8号会会老K！"

爱克斯探长趴在小胡子将军耳朵旁，小声嘀咕了几句。小胡子将军点了点头，随后对黄皮张三说："你可要老实点！既然你是被老 K 集团逼迫而抢银行，你就要与我们合作，一同抓获这个犯罪集团，将功赎罪。"

黄皮张三点头哈腰地说："请长官放心，我一定听话。"

小胡子将军指着爱克斯探长，对黄皮张三说："他让你干什么，你就干什么，不许耍花招！"

"是、是，他让我东我就东，让我西我就西，他让我打狗，我绝不敢骂鸡！"黄皮张三一副赖相。

黄皮张三带着爱克斯探长、化了装的大头参谋长和炮兵团长，一同走进了黑谷街 8 号。屋里摆着许多大桌子，很多人在那里赌博。有搓麻将的、有推牌九的、有掷骰子的，吆喝声此起彼伏，声音十分刺耳。

黄皮张三带着爱克斯探长来到一张桌子前，几个人正在掷骰子。一个长得很文静的年轻人一把揪住了黄皮张三，大叫道："你小子跑哪儿去了？你想欠钱不还是不是？"

"不敢，不敢。"黄皮张三指着爱克斯探长说，"我给你带来一位大财主，你如果能赢了他，他把我欠你的钱也一起还给你！"

"噢，"年轻人放开黄皮张三，两眼从上到下把爱克斯探长看了个仔细，笑笑说，"好，好，今天我撞到财神啦！"

年轻人一指桌子上的骰子，说："咱们玩掷骰子，这个赢钱快！"

爱克斯探长问："先生怎么称呼？"

周围的人"哈哈"一阵哄笑，"这个人连大名鼎鼎的老K都不认识，肯定是个'棒槌'！今天他输定啦！"

老K问："押几个点？掷几次？"

爱克斯探长小声问黄皮张三："什么意思？"

黄皮张三解释说："两个骰子点数之和，最小是2，最大是12。从2到12这十一个数中，你可以选出现机会最多的数。投掷的次数也由你来定。"

爱克斯探长略微想了一下，说："我押7，掷十一次。"

老K面露喜色，他飞快地说出："我押6，同意掷十一次。押多少钱？"

爱克斯探长伸出右手的食指，说："1000万！"

"好！老K赢定喽！""老K要的是6，六六顺哪！""老K赢1000万，发大财啦！"周围的赌徒一个劲儿地起哄。

在众目睽睽之下，爱克斯探长拿起两个骰子放进自己的大烟袋锅里，把烟嘴衔进口中用力一吹，只见两个骰子在烟袋锅里上下翻腾，煞是好看。突然，爱克斯探长把烟斗一撤，两个骰子先是在桌子上"滴溜溜"乱转，然后停在桌面上。

众赌徒"刷"的一声，把头都伸了过去。

一 掷 千 金

爱克斯探长来了个绝活，他把骰子放进烟斗里用嘴吹，只见骰子落到桌面上，朝上面的一个点数是4，另一个点数是2。

"好啊！合起来是6。"老K高兴地将右拳在空中用力地挥了三下。

爱克斯探长第二次掷，点数之和为7，老K收敛了笑容；第三次掷，点数之和为7，老K有点木然；第四次掷，点数之和还是7，老K把右手伸进了怀里，不用问，这是在掏枪。接下去点数之和又开始出现6，老K脸色多云转晴，手也从怀里拿了出来。再往后掷，点数之和是8、10、8、5、6。

掷完十次，6点和7点各出现三次，这最后一次成了决定死活的一掷！此时，屋里静极了。老K集团的成员剑拔弩张，一触即发。大头参谋长和炮兵团长也都准备好，随时准备掏出武器和老K集团大战一场。

爱克斯探长突然"哈哈"大笑了一声，把在场的人都吓了一跳。

老K厉声问道："你笑什么？"

"我笑你们，一场早有定论的赌博把你们吓成什么样子！"爱克斯探长手里拿着两个骰子不断地晃悠，随时都可能扔到桌面上去。

老 K 有点糊涂，他问："为什么早有定论？"

"首先从数学上讲，掷两个骰子出现的点数是有规律的。"说着爱克斯探长画了一张表：

点数和	2	3		4			5				6					7					
骰子甲	1	1	2	1	2	3	1	2	3	4	1	2	3	4	5	1	2	3	4	5	6
骰子乙	1	2	1	3	2	1	4	3	2	1	5	4	3	2	1	6	5	4	3	2	1
种类	1	2		3			4				5					6					

8					9				10			11		12
2	3	4	5	6	3	4	5	6	4	5	6	5	6	6
6	5	4	3	2	6	5	4	3	6	5	4	6	5	6
5					4				3			2		1

爱克斯探长指着表说："我把掷两个骰子可能出现的点数都列了出来，从表里不难看出，从 2 到 12 这十一个不同的点数中，出现次数最多的是点数 7，它出现了 6 次。点数 6，迷信的人把它看作吉祥数，说什么六六顺，可是从表中看它只出现了 5 次，其他的点数出现的次数就更少了。我选的就是 7，是出现次数最多的点数，因此，这最后一掷，出现 7 点的可能性最大，我赢的可能也较大，你们同意不同意？"

老 K 把脖子一歪，说："出现 7 点的可能性最大，并不等于一定出现 7 点啊！数学我懂，你别拿数学来唬我。你说说，你出现 7 点的可能性比我大多少?"

"其实你并不真懂。"爱克斯探长笑了笑说,"我可以告诉你大多少。掷两个骰子从表上看骰子甲是 1,骰子乙是 1,这是第一种可能;骰子甲是 1,骰子乙是 2,这是第二种可能;骰子甲是 2,骰子乙是 1,这是第三种可能,照这样排下去一共有 36 种可能。7 点占 $\frac{6}{36}$,6 点占 $\frac{5}{36}$,7 点比 6 点多 $\frac{1}{36}$。"

"多三十六分之一又算得了什么!你掷这最后一次,如果你真的掷出 7 点我给你 1000 万,怎么样?"老 K 的赌徒面目暴露无遗。

爱克斯探长又把拿骰子的手举了起来,他这一举,屋里立刻鸦雀无声,几十只眼睛同时盯着这只手。可以想象,爱克斯探长一旦把骰子掷到桌面上,屋里立刻会成什么样子!一定是有的哭,有的笑,有的吵,有的闹,乱作一团。

正当大家把注意力全部集中在爱克斯探长的手上时，突然听到一声："不许动！"只见大头参谋长和炮兵团长一左一右把老K夹在中间，一左一右两支手枪顶在老K的腰眼上。

老K故作镇静，他厉声问道："你们是什么人？你们要抢赌场吗？"

"我们不是抢赌场，而是查抄赌场！"小胡子将军带着大批士兵冲进了赌场。小胡子将军命令士兵："把他们都给我抓起来！"

爱克斯探长回头问黄皮张三："你的同伙呢？"

黄皮张三一指蹲在角落里的瘦高个，说："他在那儿！"士兵跑过去把他揪了出来，在他身后有两个大皮箱，打开皮箱一看，里面正是丢失的1000万元。

忽然，从外面跑进一名士兵。他向爱克斯探长行了一个军礼，说："探长先生，国际刑警组织有紧急任务，请您马上就去！"

爱克斯探长微笑着向大家挥挥手，说："再见啦各位！咱们后会有期！"说完把手中的骰子往桌面上一掷，两个骰子在桌面上"咕噜噜"转了几圈，它刚一停，大家不约而同地叫道："啊，7点！"

大家也纷纷举起了手，说："再见啦！爱克斯探长！"

中国科普名家名作系列

（数学部分）

"华罗庚专辑"（华罗庚　著）《从孙子的神奇妙算谈起》（双色、18.5元）；《聪明在于勤奋　天才在于积累》（双色、12.5元）。

"院士数学讲座专辑"（张景中　著）《数学家的眼光（典藏版）》（15元）；《从$\sqrt{2}$谈起（典藏版）》（12元）；《新概念几何（典藏版）》（20元）；《帮你学数学（典藏版）》（14元）；《数学与哲学（典藏版）》（14元）；《漫话数学（典藏版）》（20元）；《数学杂谈（典藏版）》（20元）；《从数学教育到教育数学（典藏版）》（16元）。

"数学故事专辑"（李毓佩　著）《荒岛历险（典藏版）》（双色、19.8元）；《爱克斯探长（典藏版）》（双色、18元）；《奇妙的数王国（典藏版）》（双色、19.8元）；《非洲历险记（典藏版）》（双色、16元）；《哪吒大战红孩儿（典藏版）》（双色、15元）；《小侦探游中国》（双色、12元）。

"名家精品集萃"《算得快》（刘后一著　9元）；《数学花园漫游记》（马希文著　8元）；《科学发现纵横谈》（王梓坤著　12元）；《函数和极限的故事》（张远南著　15元）；《概率和方程的故事》（张远南著　13元）；《图形和逻辑的故事》（张远南著　15元）；《挑战智慧（第一季、第二季）》（张远南著　共36元）。

"趣味数学专辑"（谈祥柏　著）《数学营养菜》（9元）；《登上智力快车》（8.5元）；《故事中的数学》（12.5元）；《好玩的数学》（14元）。（李毓佩　著）《牛顿的小屋》（18元）；《比尔·盖茨的网站》（18元）。

咨询电话：010－57526326

邮购地址：100022　北京市朝阳区建国门外大街丙12号楼中国少年儿童新闻出版总社科普编辑部